全手工
低溫做麵包

韋 太 編著

萬里機構‧飲食天地出版社

全手工低溫做麵包

編著
韋太

編輯
祁思

攝影
許錦輝

設計
萬里機構製作部

出版
萬里機構‧飲食天地出版社
香港鰂魚涌英皇道1065號東達中心1305室
電話：2564 7511　　傳真：2565 5539
網址：http://www.wanlibk.com

發行
香港聯合書刊物流有限公司
香港新界大埔汀麗路36號中華商務印刷大廈3字樓
電話：2150 2100　　傳真：2407 3062
電郵：info@suplogistics.com.hk

承印
凸版印刷（香港）有限公司

出版日期
二〇一五年七月第一次印刷

萬里機構　　萬里 Facebook　　myCOOKey.com

序

市面上大部份麵包店為了減省成本，都採用膨脹劑、乳化劑、防腐劑等化學物質。為了避免進食有害健康的化學添加劑，很多家庭都自製麵包，油、糖、鹽分都可以自己控制。自己親手做天然健康麵包給家人吃，新鮮又軟熟。

「工欲善其事，必先利其器」，做任何事情都要做好準備功夫，打好根基；做麵包也不例外，一切要由練習搓揉手法開始。麵包軟熟與否，取決於麵糰質素，可見搓揉技巧對麵包口感有着重大影響。

韋太擁有多年手搓麵包教學經驗，做事一絲不苟、心思細密，每個步驟、份量都經過精心研究，務求食譜準繩度做到最高。最新著作《全手工低溫做麵包》就是貫徹這種精神，內容深入淺出、教法詳盡，毫不保留地公開搓包秘技，讓新手也可以輕易學會家庭式搓包技巧及發酵方法。

是一本絕對值得好好閱讀和收藏的好書！

師兄烘焙煮教室

Eric Siu

自序

第一本與萬里機構合作的麵包食譜書《我愛手工麵包》是在2012年7月出版，當時我教授手搓麵包一年多。內容全部教授手搓麵糰及我自創的「蒸籠發酵方法」，這方法絕對適合一般家庭使用。

在這麼多年來，我全年無休地教授手搓麵包課程，希望藉此機會讓更加多朋友學會在家做出鬆軟而又無添加劑的麵包，與家人及朋友一齊分享。雖然是我這五年多都是以私人教授課程為主，但曾跟我學過手搓麵包的學員也超過二千多人，當中大部份都是麵包初學者及海外朋友。這些年來，我持續教給學員的方法，都是理論與實習並重，及會採用家庭式發酵方法，希望讓每位學員回家後即時能將課堂上學到的搓揉及發酵方法用出來，成功機會遠遠超過一般採用發酵箱的方法。同時，在我超過五年的教學過程中，對於一般初學者會遇到的問題更為了解。

近這兩三年間，學做麵包的朋友不斷上升，原因主要是不想再繼續吃市面出售添加了不知名添加劑或其他化學劑的空氣麵包。做麵包的方法也更加多樣化，有冷藏發酵法、加麵種法、中種法、湯種法、低溫發酵法等等。有時間去做麵包的朋友，會自行養天然酵母，目的都是追求食出麵包的原有香味。以我個人而言，只要懂得2-3種方法已足夠，而工作忙的朋友，單採用「低溫發酵方法」已足夠應付日常所需。

今次再度與萬里機構合作，除了採用第一本書的原有方法之外。食譜內容更精心挑選一些大家常做的麵包及提供更多款適合上班一族朋友的方法。

新讀者或麵包初哥的朋友，如對食譜內容有疑問，歡迎隨時到訪韋太的網站及facebook專頁交流心得或來電郵查詢。

韋太

2015年7月

【韋太烹飪教室】網站：http://irenechanwai.blogspot.hk
【韋太烹飪教室】Facebook專頁：http://www.facebook.com/irenechan512
電郵查詢：irenechan512@yahoo.com

目錄

開始烘焙

健康麵包

怎樣在家做出鬆軟的麵包？

要做出鬆軟的麵包，就好像要過五關斬六將一樣。

除了要在做麵包初期控制麵糰的筋性及水份之外，入爐的溫度及如何保存製成品的品質，都是一門重要的學問。

很多人認為，做麵包最難是將麵糰搓到起筋及發酵。我想告訴大家：水份及材料的比例是重要的因素，而發酵的時間長短，也會受一年四季的天氣變化影響。

如果大家明白當中具影響力的因素，就可以自行判斷而作出調整，這樣便容易做出鬆軟的麵包。

初學者若對秤量材料的準確性沒有信心，可以嘗試先用預拌粉去實習。因為要做出鬆軟的麵包，麵粉、糖、鹽的比例是十分重要，如果比例不當，麵包就很容易變硬。預拌粉正好解決此問題，因為預拌粉已經將麵粉、糖、鹽等材料預先調配好，確保可以成功製作麵包，特別適合初學者使用。只需依寫盒上說明製作方法，加入水及牛油/植物油，就可以輕鬆製成鬆軟麵包。

製作麵包基本流程

混合材料 ➡ **搓揉麵糰** ➡ **第一次發酵** ➡ **排氣** ➡ **分割** ➡ **鬆弛** ➡

搓揉麵糰：
麵糰溫度：28℃
室內溫度：30℃
時間：8至15分鐘
相對濕度：80%至85%

第一次發酵：
35至45分鐘

鬆弛：
15至20分鐘

一般家庭式（自家製）麵包，大多數會用手去搓揉。做出來的麵包筋性會較強及富彈性。現今科技進步，大部份家庭都會選購一部麵包機去代替手搓麵糰及製作麵包。做出來的製成品，會按照每一間品牌公司的研發技術而有所不同。

用大馬力的搓揉攪拌機，雖然可以做出同手搓揉的效果，但並不是每一個家庭都能負擔得起及可以擁有一部。

鑒於「家庭式」及「自家製」的理由，這本書着重以家庭式的方法及份量去製作，務求令每位讀者容易明白及操控。

請大家先不要心急開始動手去做，先花少許時間細心閱讀以下內容，了解可能在製作過程中遇到的問題，然後開始按照每個步驟檢查或測試，就能夠事半功倍。

> ✓ 一般市面售賣的麵包都會加入添加劑以增加麵包的柔軟度。
> ✓ 麵包改良劑可增加麵糰中的麵筋，鞏固搓揉後麵糰的網狀結構，增加麵包的體積，令口感更佳。但本書着重自家製、無添加及健康，所以並不建議加入任何麵包改良劑或添加劑。

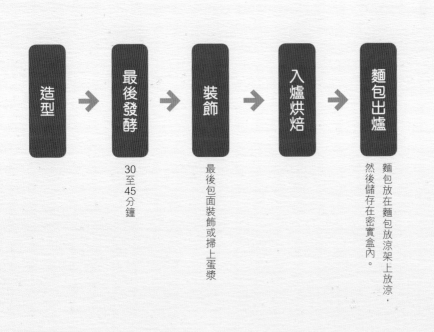

造型 → 最後發酵 → 裝飾 → 入爐烘焙 → 麵包出爐

30至45分鐘

最後包面裝飾或掃上蛋漿

麵包放在麵包放涼架上放涼，然後儲存在密實盒內。

做麵包的材料

- **主要材料**：高筋麵粉、酵母（依士）、鹽、砂糖和水，是麵包製作的必備材料。
- **輔助材料**：加入雞蛋、奶粉等材料，令麵糰產生變化，造成不同效果，也增加口味。
- **配料和餡料**：在麵糰中加入果仁或乾果，或把麵糰沾上種籽（例如芝麻、亞麻籽等）或玉米粉等，令麵包口感和味道有更多變化，且更健康。又可包入各式各樣的餡料，令麵包口味千變萬化。

麵粉

麵粉是由小麥磨製而成。

小麥一般分為「軟麥」和「硬麥」兩種。軟麥磨出來的叫低筋麵粉，硬麥磨出來的叫高筋麵粉。其實一般麵粉分為三大類：低筋麵粉、中筋麵粉及高筋麵粉。一般麵包製作會選用高筋麵粉（簡稱：筋粉）。

麵粉的筋度高低取決於小麥粉中的蛋白質含量（海外的朋友可以按照包裝上的蛋白質成份辨麵粉的筋度）。

	低筋麵粉	中筋麵粉	高筋麵粉
蛋白質含量	約6.5%-9%	約9%-11.5%	約11.5%-14%
概述	又稱蛋糕粉（Cake flour）。如果沒有低筋麵粉，可用中筋麵粉和20%的粟粉取代，粟粉可降低麵粉的筋性。	一般超級市場售賣的普通麵粉（Plain flour/All-purpose flour）是中筋麵粉。	又稱麵包粉（Bread flour），蛋白質含量，加水搓揉會出現彈性。
適用	適用於製作各式蛋糕、曲奇等鬆軟糕點。	適用於製作饅頭、包子、水餃皮等。	適合用來製作麵包。

預拌粉

　　預拌粉（Premix）是廠家將麵粉、糖、鹽等材料按特定配方預先調配好，大大節省材料預備的時間，也可降低製作失敗率。現在很多大型烘焙公司都用自己專門配方的預拌粉去製作麵包、糕餅。預拌粉的蛋白質含量與一般高筋麵粉無異，只要加水及植物油，就可以製作麵包。

酵母（依士）

　　酵母吸收糖和澱粉後，會將碳水化合物轉化成二氧化碳及酒精，使麵糰膨脹（若麵糰過度發酵，麵包會有酸味）。

　　酵母分為乾酵母（即用依士 / 速效酵母）和新鮮酵母。有人喜歡用鮮酵母，因它製作出來的麵包風味較佳，但存放期有限及不容易買到。本書所用的是乾酵母，無需預先浸發，可以即時搓揉，方便使用。

　　一般超市購買到的乾酵母由於微粒較粗，建議使用前浸發5-10分鐘，確保依士有活躍能力。

　　買回來的依士，開封後一定要存放在雪櫃的冷藏格。若放在室溫或廚房濕氣重或暖的地方，依士較容易與室內的暖空氣接觸而釋放出二氧化碳，到使用時，依士的壽命差不多已盡，不能在製作過程中發揮效用，因而令麵糰不能發大，影響製作過程及不能繼續進行下去。

　　有些大型超市有售賣小包獨立包裝、每包份量只有3克的速效酵母；製作時就無懼因為酵母儲存不當，而影響麵糰發酵。

鹽

　　鹽除了調節麵包的味道，還可以用來調整發酵時間，減慢酵母的發酵速度。鹽亦能改變麵筋的性質，增加麵糰的吸水能力，使麵筋膨脹而不致斷裂。

砂糖

　　糖有助增加酵母的活躍能力，促進麵糰發酵；但糖分若超過5%反而會抑制麵包的發酵。

　　做麵包時加入糖，又有助改進麵包的色澤、鬆軟度及保存期。

麵包改良劑

麵包改良劑是幫助酵母產生作用的，就好像替酵母添加營養、調整水質、增加麵筋強度、增加發酵耐力、使麵包組織細膩、體積大、延緩麵糰老化。市售麵包大部份都會添加麵包改良劑去防止麵包老化及改善口感。一般家庭式麵包不建議使用，若果大家都想延長麵包保存期，大家可以加入麵種（例如：湯種、老麵種）去代替。

水

　　水可使各種乾性原料充分混合。透過加入的水，可控制麵糰的稠度、柔軟度及黏性。
　　要注意不同的天氣，加入的水的份量有別。
　　搓麵糰時用溫水，能有助酵母發酵。

奶粉

　　奶粉是脫脂牛奶乾燥後製成的粉末，可提供奶香味和增加色澤。加入奶粉使麵糰組織緻密，具有增強麵糰筋度，延遲老化的作用。

油

　　在麵糰中加入油脂有分隔麵粉顆粒的作用。麵糰被油脂潤滑後，易於伸展，能促進麵包體積膨脹發大，使麵包幼細，結構均勻，烤焗時不易破裂。加入油脂的麵包，入到口中有滋潤感，並可增加保存時間。
　　做麵包常用的油脂有牛油（又稱奶油、黃油）、固體菜油（又稱酥油、白油）和橄欖油。

無鹽牛油

固體菜油

橄欖油

基本用具

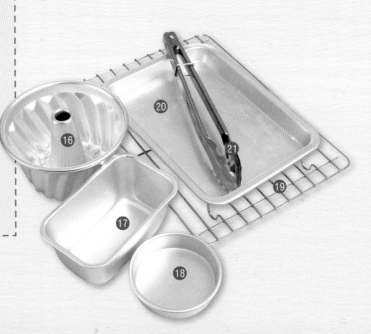

做麵包不可不知的要點

　　麵包做法有多種，要簡單快捷做麵包，可以用「直接法」去準備麵糰，而想有更鬆軟的效果及保存期加長，則可以加入「湯種」去做（湯種麵糰詳細的做法請翻到下一章）。

　　麵包好食與否，跟麵糰關係至深。麵糰要在適當的溫度及濕度環境才容易發酵，因此除了按照食譜提供的份量外，還要留意當日的天氣狀況，根據每天不同的溫度及濕度自行調校水份。

水份

　　不同的天氣，注入不同份量的水

　　麵糰發酵，最理想的室內溫度約28-30℃，相對濕度為80-85%。由於每天的溫度及濕度都不同，初學者除了按照食譜提供的份量外，還要留意當日的天氣狀況，根據每天不同的溫度及濕度自行調校水份。對於初學者來說，可能比較難理解，但只要明白以下的要點，就會容易掌握和控制。

- 氣溫較低及相對濕度低（即天氣寒冷及乾燥）時，室內水份容易流失，麵糰缺水的機會較大，而麵糰太乾，搓揉時比較吃力及不能搓至起筋；所以開始計算水的份量時，便要較食譜的份量略為增加5-10毫升水，以補回流失的水份，麵糰就容易起筋及達至預期效果。

- 相反，室內溫度高及相對濕度又高（即天氣酷熱及潮濕）時，室內水份不易流失，麵糰流失水份亦相對較少，建議開始時不用增加水份，待中途有需要時再適量地調校。

依士（酵母）測試

　　依士開封後一定要存放在雪櫃的冷藏格。以免在溫暖的環境喪失活力，不能在製作過程中發揮效用。如果用小包裝的即用依士可除免這分擔心。

　　為免浪費材料，如對依士的活力或有效期有質疑，建議讀者在開始做麵糰前測試一下依士的活力。測試只用半茶匙（2克）依士，加入半茶匙砂糖及2湯匙清水，拌勻後等待發酵5分鐘，表面升起有泡沫及體積變大，即表示依士可以安心使用。

爐溫測試（調校入爐溫度）

　　每個家用焗爐的溫度都會有偏差，就算是相同品牌，爐溫都有可能不一致。

　　即使麵糰在入爐初期保持濕潤，若果爐溫持續過高，幾分鐘的時間已會將麵包內的水份急速抽乾，因而影響製成品欠缺水份及彈性。

　　若要製成品有理想效果，在初次焗製麵包時，必須進行1-2次的爐溫測試。

　　測試爐溫的步驟如下：

1.　將焗爐的溫度調校至180℃的正常要求溫度，預熱10-15分鐘。

　　＊一般麵包焗製時間約15分鐘，方包要焗30-35分鐘。

2.　將完成最後發酵的麵包放入已預熱的焗爐，把時間掣撥至30分鐘（電子焗爐免撥），另自行用計時器計時7分鐘，7分鐘後，觀察麵包表面顏色是否上色或太濃。若顏色偏深，表示爐溫有機會比正常溫度高，要即時將爐溫調減10-20℃。

3.　如果使用沒有熱風對流的焗爐，近爐內的一邊，麵包會較上色，這時可以快速將焗盤前後位置調動。相反，顏色較淺，有可能爐溫偏低，要即時調高10-20℃繼續測試及完成烘焗。

4.　有問題要即時補救——用餘下的8分鐘時間去補救。把使用情況記錄清楚，下次再用這焗爐時，就要調校成已校正的爐溫去開始焗製。如果發現麵包仍未上色或焗熟，焗製時間最多延長5-10分鐘。

　　緊記：每多焗1分鐘，麵包的水份就愈容易抽乾，致令麵包內部粗糙及乾身，缺乏彈性及水份。

　　焗爐時間掣調校至30分鐘，原因是焗爐的發熱線會在最後的10分鐘左右，隨着時間倒退而開始降溫，為確保爐溫平均，所以建議另行用計時器計時。

出爐的麵包

　　要知道麵包是否已焗熟，到了指定的時間，先看看麵包的底部是否乾爽及呈金黃色，如是，即表示麵包已熟；否則，要多焗1分鐘。出爐後，應先將麵包放在網架上冷卻一會才食用，以免麵筋組織黏在一起。

　　鹹麵包含糖分較甜麵包低，烘焗時間可以多1-2分鐘。相反，甜麵包的糖分較高，入爐後要留心觀察顏色的變化。

保存製成品

　　要有適當方法才可以保持麵包濕潤及延長麵包老化期。

　　自家製麵包由於沒有加入任何添加劑，較一般市售麵包容易變得乾硬。所以，若出爐的麵包不是即時食用，放涼後，必須要先放入保鮮盒或密實袋內，即時鎖住麵包的水份，才放入雪櫃冷藏。這樣，麵包保鮮期可以長達3-7天，加入湯種的麵包，保鮮期更長達7-14日。

　　食用時，只需放入微波爐加熱20-30秒鐘已足夠；時間過長，會抽乾麵包的水份。若沒有微波爐，可以放1湯匙清水入電飯煲內，用蒸的方法翻熱，但千萬不要用焗爐翻熱，這樣會抽乾麵包內部的水份。

　　大家在開始做麵包時細心留意以上各項要點，必能達致理想效果。

基本麵糰搓揉及家庭式發酵方法

麵糰搓揉

　　本書教授的搓揉方法與一般食譜不同。其他麵包食譜通常建議最後才將牛油或固體菜油加入搓揉，但筆者建議一開始就將全部材料混合一起搓揉，其原理與麵包機製作大同小異。只要大家用心去搓及學懂如何查看麵糰的水份及柔軟度是否達標，即使是初學者，也能搓出富彈性及鬆軟的麵包。

　　本書的搓揉方法，對初學者來說，可能覺得麵糰偏濕及難於操控。但如果開始時不加入牛油（或其他油脂），搓時又會覺得太乾；麵糰水份不足，搓起來較困難，要搓至起筋更難。

　　若水份恰當及搓揉手法正確，一般搓揉6分鐘及最後將麵糰摔打2分鐘將麵糰表面水份略為收乾及幫助麵糰加強筋性。這樣，待第一次發酵完成，大家會發覺麵糰會較為鬆軟。

　　建議初學者搓揉時間應限在8-15分鐘之內完成，因為超過時限，麵糰的水份反而會不斷地流失，若不懂得中途補充水份，只追求一般市面上麵包食譜書所講的搓至有彈性及可拉出薄膜，對於初學者來講會較困難。筆者在這麼多年教授手搓麵糰的經驗中，每堂教授學員時都會在指定的時間內停止搓揉，最後麵包出爐時，即時已感覺鬆軟及有彈性。這點足以證明初學者都可以按照這個方法及時限去做，容易達至理想的效果。

麵糰柔軟度測試

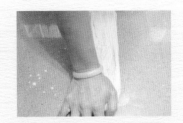

若水份恰當，用手去搓揉麵糰時無需太用力也容易將麵糰推開，即麵糰柔軟度足夠，麵糰沒有在搓揉時大量流失水份；這樣，待完成第一次發酵後，麵糰會較為鬆軟。

如何分辨麵糰是否搓揉恰當？

麵糰用手拉時有彈性及容易拉出一小塊透明的薄膜。麵包出爐時，表面有光澤且豐滿，彈性好，體積脹大，咬下去有口感，保存期也相對較長。

相反，麵糰搓揉不足，用手拉開麵糰時欠彈性，容易斷裂，內部組織粗糙。

第一次發酵

將搓好的麵糰收摺至表面光滑，並進行第一次發酵。

1. 將麵糰壓扁，較粗糙的一面向上，然後將外圍的麵糰以旋轉式摺入中心點，盡量將麵糰摺緊。將麵糰反轉，光滑的向上，用兩手的手指放入麵糰底部，向下推緊，以旋轉式方向推成圓形。（如採用低溫發酵，將麵糰放入保鮮袋內，紮好，放入雪櫃進行低溫發酵。18-24小時後取出放室溫回軟後，可以跳到步驟6繼續進行至完成。低溫發酵方法要注意的事項，請參閱下一節。）

2. 將麵糰放回不銹鋼盆內，麵糰表面噴一層水，盆面蓋上一層保鮮紙，表面再多噴一層水。然後放在已墊上濕毛巾的焗盤上。

3. 焗爐預熱至100℃，1-2分鐘後關掉，用餘溫的熱力幫助麵糰發酵（溫度約40℃）。

4. 將麵糰連焗盤放入焗爐底層（爐火已關掉），進行第一次發酵35-45分鐘或發酵至原來麵糰2-3倍便可。期間可以每隔15-20分鐘將不銹鋼盆拿出來，然後將焗爐加熱1-2分鐘，再將不銹鋼盆放回爐內，這樣確保焗爐內的溫度平均，從而幫助麵糰在指定時間內完成發酵過程。

5. 將麵糰從焗爐取出，要預先測試麵糰是否已完成發酵，用沾滿高筋麵粉的手指插入麵糰中央，若麵糰發酵適當，指孔不會收縮，即表示第一次發酵完成。相反，若指孔迅速收縮或回彈，即發酵未完成，要繼續發酵5-15分鐘或檢查程序有無出錯。

發酵注意事項

溫度

　　要麵糰發酵理想，就要配合發酵必要的元素，室內的溫度應維持約30℃，相對濕度應維持在80%-85%。

　　溫度過高會令麵糰內外發酵的速度不同，烤出來的麵包也會失去原有的風味。嚴重時，會破壞麵包的造型及令體積小而形狀扁。

　　若遇氣溫較低時，最後發酵時室溫太低，則發酵速度緩慢，發酵時間延長，麵糰的性質差異愈大，造成麵包的品質不良。因此必須特別注意發酵的溫度及時間操控。

濕度

　　最後發酵的相對濕度應維持在80%-85%。濕度太低，麵糰表皮容易乾，做出來的麵包會欠缺彈性。

　　若濕度過高，麵包的品質受害更大，內部組織及外形會受到極嚴重的破壞。

發酵過度

　　最後發酵的時間為30-45分鐘。若操作時間過久，麵糰內部會因發酵過度而產生過多的酸，導致麵糰老化，影響麵糰性質。因此時間的控制是整個製作過程中最重要的工作。

鬆弛和最後發酵

1. 發酵完成後，將麵糰取出及用手輕輕將麵糰按扁及排氣。將麵糰反轉，然後將左右兩邊對摺成長條形，慢慢將麵糰由上而下捲落及壓實，平均分割成所需等分，及即時將麵糰搓圓或拍摺成摺成長形，放在枱上用保鮮紙及濕毛巾蓋好，鬆弛麵糰15-20分鐘。

2. 麵糰鬆弛完成後，便可以進行包餡及最後發酵。

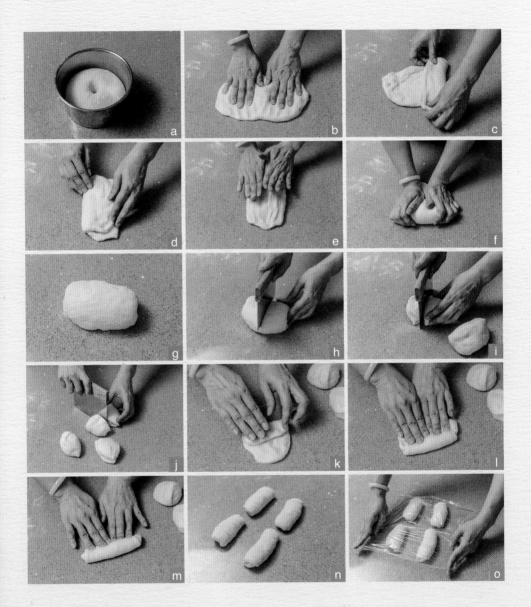

蒸籠發酵法

此方法是韋太首創的。

一般家庭式，大部份都會選購18公升至23公升的家用焗爐。若要焗製6個或以上的麵包，可能要分2次去焗製，而且需要有足夠地方進行發酵。

若果大家使用焗爐發酵方法，焗爐太小時，未必能將整盆麵包發酵。大家可能要將半分的麵糰改用蒸鍋去發酵，但此舉太麻煩了。

即使有更大的焗爐，筆者相信效果都不如這個用竹製蒸籠（或其他蒸籠）去發酵的方法來得輕鬆及方便（此方法適合室內溫度有20-28℃以上，效果才顯著）。

此方法可以同時處理6-8個麵糰，而且可以將蒸籠放在任何一個器皿或蒸鍋上，就可以利用水蒸氣的濕度及熱力，讓麵糰吸收及發酵至理想的效果。經常做麵包的朋友，只需要選購一組蒸籠，就像多了一個家庭式發酵箱一樣。不論任何天氣（包括其他國家天氣），只要懂得自行調校，就能在短時間內將麵糰發酵至理想的效果。

發酵方法

1. 將已造型的麵糰分別墊上錫紙，排放入蒸籠內（每個蒸籠最多放4個）。
2. 8個麵糰就用2個蒸籠層疊在一起，蓋上竹製的蒸籠蓋。
3. 燒熱1公升滾水，倒在任何一個可以將蒸籠疊上而又不會有空隙流出水蒸氣的器皿上便可。
4. 將兩個蒸籠放在熱水上，10分鐘後將兩個蒸籠上下調換位置，全程時間30分鐘（即調換後還有20分鐘發酵時間）。
5. 蒸籠最好放在廚房或溫暖及不當風的地方，這樣可以方便處理或不影響廚房工作。

6. 在發酵完成前，緊記預先將焗爐預熱，待麵糰完成最後發酵後，將麵糰取出，排放在焗盤上，掃上雞蛋漿便可以即時入爐，方便快捷。

7. 但要注意若天氣寒冷，室溫太低，中途（約15分鐘）可能要將蒸籠暫時移開，將水翻滾後，再放回蒸籠繼續發酵。

Tips
- ✓ 此另類的發酵方法，緊記切勿在麵糰上噴水，因為此方法提供大量較熱的水蒸氣，若包面已噴水，麵糰會過濕而不能發起或變形。
- ✓ 蒸籠中間亦無需蓋上保鮮紙，否則下層水蒸氣無法上升。
- ✓ 由於是用竹製蒸籠，所以不用怕會有倒汗水回滴在包面。若使用其他蒸籠，則要在最上層的蒸籠蓋薄毛巾去吸濕，防止有倒汗水。

好處

1. 在指定時間內，麵糰發酵達至理想。

2. 用具簡單，而蒸籠平日可用作蒸餸。

3. 只用滾水1公升及使用任何一種輔助器皿盛載熱水，便可以將蒸籠放上及進行最後發酵。

4. 發酵地方只要是暖的地方，室內任何地方都可以，不會阻礙廚房地方或阻礙煮飯。

5. 若沒有竹蒸籠仍可以進行，只要略為注意倒汗水的問題。

低溫發酵方法

所謂「低溫發酵方法」是將剛搓揉好的麵糰即時放入保鮮袋內紮緊，放入雪櫃冷藏室（非結冰）12-24小時。

如超過24小時（最多不超過72小時），就要將麵糰排出空氣，將保鮮袋紮緊，再放回雪櫃，仍用低溫的方法發酵。

待第二天做麵包時，按照當天室內氣溫將已發酵的麵糰取出，放室溫30-90分鐘。天氣熱時（室溫26-28℃）約放30-45分鐘，天氣較寒冷時，可能要放60-90分鐘不等，麵糰用手按下或略拉時不會有「韌」的感覺，即表示麵糰已回軟，可使用。

然後按照造麵包的程序如常去做，即進行分割、鬆弛及造型。

混合材料

- 室內溫度：30℃，相對濕度80%-85%
- 麵糰溫度：28℃
- 時間：8-15分鐘

▼

搓揉麵糰

放入保鮮袋內紮緊，放入雪櫃冷藏室（非結冰）12-24小時。

▼

第一次發酵

▼

排氣

從雪櫃取出，放室溫30-60分鐘，然後進行排氣。

▼

分割

▼

鬆弛

15-20分鐘

▼

造型

▼

發酵

▼

掃蛋漿或最後包面裝飾

▼

入爐烤焗

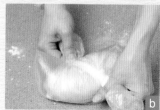

低溫發酵法與常溫發酵的差異

用這樣的方法發酵做出來的麵包，體積跟平時的做法一般大，但由於經過長時間低溫發酵，麵包內部組織較鬆軟，無需加入任何麵種，麵包的老化期也會延長。

麵糰取出後，不同之處是麵糰質地較為柔韌，要按照不同天氣及放置時間，讓麵糰慢慢回軟，這樣造型時就不難處理。

最後發酵的低溫發酵法

低溫發酵方法也可以用於已造型的麵包，但切記同一麵糰不可以進行兩次低溫發酵。

將要進入最後發酵（已造型）的整盆麵包用保鮮紙覆蓋好，立即放入雪櫃冷藏室（非結冰）8-10小時，待第二天要準備焗製前，預先放室溫30-60分鐘（視乎天氣冷暖），才掃上雞蛋漿，然後入爐。

基本麵糰-直接法（甜/鹹麵糰）

甜麵糰材料		鹹麵糰材料	
高筋麵粉	250克	高筋麵粉	250克
無鹽牛油（或固體菜油）	15克	無鹽牛油（或固體菜油）	20克
奶粉	8克	奶粉	3克
幼鹽	2克	幼鹽	5克
溫水	140毫升	溫水	165毫升
砂糖	30克	砂糖	15克
雞蛋	25克	即用依士	4克
即用依士	4克		

Tips

由於每種高筋麵粉的蛋白質成份各有不同，加入的水份要自行加減。

一般韋太教授搓揉的麵糰較濕潤及搓揉時較黐手，這樣麵糰才容易搓至起筋膜，最後2分鐘改用撻打方法，幫助麵糰水份略為收乾及加強麵糰筋性。

做法

1. 將高筋麵粉放入鋼盆內，然後將奶粉、砂糖、幼鹽、依士、雞蛋、溫水及牛油（或固體菜油）一起加入，鹽不能與依士放在同一位置，以免影響依士的活躍能力。

2. 待依士浸約5分鐘（即用依士可以不用浸），水表面出現泡泡狀，即代表依士已開始活躍，噴出二氧化碳，令到麵糰升發。用手將麵糰快速拌勻，然後搓至起筋性及麵糰表面光滑，當麵糰慢慢拉開時，出現薄膜及有彈性，即代表麵糰已產生筋性。初學者建議搓揉時間不超過15分鐘，在最後2分鐘時，改用撻打的方法去加強麵糰的筋性及將麵糰略表面略為收至乾爽。

3. 將麵糰搓圓至表面光滑，放入盆內，麵糰表面噴一層水，蓋上保鮮紙，發酵40-45分鐘或發大至原來麵糰的2-3倍。

4. 用低溫發酵方法，只要將搓完的麵糰放入保鮮袋內紮好，放入雪櫃冷藏格內12-24小時內取出，回溫即可使用。有關低溫發酵方法請參閱p.21。

5. 將麵糰取出，回溫後用手輕輕將麵糰按扁排氣。將麵糰四邊收入再摺成長條形，然後將麵糰平均分割成所需等分，及即時將麵糰搓圓或拍摺成長形，放在枱上用保鮮紙及濕布蓋好，鬆弛麵糰15-20分鐘。

6. 麵糰鬆弛後，將麵糰再次按扁排氣，然後包上餡料及造型。將麵糰放在焗盤上，表面噴一層清水，蓋上保鮮紙進行最後發酵，發酵至麵糰發大2-3倍（約30-45分鐘）。

7. 發酵完成後，在麵包面掃上雞蛋液，放入已預熱至180℃的焗爐焗15分鐘即成。

*鹹包含糖分較甜包低，烘焗時間可以多焗1-2分鐘。相反，甜包含糖分較高，入爐後要留心觀察顏色的變化。

湯種法

做法

1. 將高筋粉與清水拌勻，倒入小鍋內用慢火煮至濃稠。

2. 期間不停地用蛋拂或鐵叉拌至沒有粉粒，煮至漿糊狀及輕微滾起便可關火。

3. 將湯種倒入小碗中放涼一會，表面蓋上保鮮紙，防止麵糊變壞及水份流失（建議放涼後放入雪櫃冷凍1-3小時後才用，效果會更佳）。

注：放在雪櫃下層，保存期最好在5-6天內，或見表面變灰就要棄掉。

B. 湯種麵糰材料

湯種 .... 1分（約67克）	幼鹽 3克
高筋麵粉 250克	清水 100毫升
無鹽牛油 20克	砂糖 35克
奶粉 9克	雞蛋 25克
	即用依士 6克

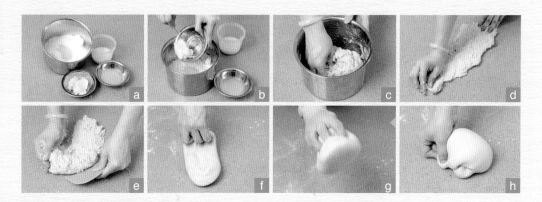

做法

1. 將高筋麵粉放入鋼盆內，然後將奶粉、砂糖、幼鹽、依士、雞蛋、湯種、溫水及無鹽牛油一起加入。

2. 待依士浸約5分鐘，水表面出現泡泡狀，即代表依士已開始活躍。用手將麵糰快速拌勻，搓至起筋性及麵糰表面光滑。建議初學者搓揉時間應在8-15分鐘之內完成。

3. 將麵糰搓圓，放入盆內，麵糰表面噴一層水，蓋上保鮮紙，發酵45分鐘或發大至原來麵糰的2-3倍。

4. 將麵糰取出，要預先測試麵糰是否已完成發酵，用沾滿高筋麵粉的手指插入麵糰中央，若麵糰發酵適當，指孔不會收縮，即表示第一次發酵完成。相反，若指孔迅速收縮或回彈，即發酵未完成，要繼續發酵5-15分鐘或檢查程序有無出錯。

5. 發酵完成後，將麵糰取出及用手輕輕將麵糰按扁排氣，將麵糰四邊收入再摺成長條形，然後將麵糰平均分割成所需等分，及即時將麵糰搓圓或拍摺成長形，放在枱上用保鮮紙及濕布蓋好，鬆弛麵糰15-20分鐘。

6. 麵糰鬆弛後，將麵糰再次按扁排氣，然後包上餡料及造型。將麵糰放在焗盤上，表面噴一層清水，蓋上保鮮紙進行最後發酵，發酵至麵糰發大2-3倍（約30-45分鐘）。

7. 發酵完成後，在麵包面掃上蛋液，放入已預熱180℃的焗爐焗15分鐘即成。

注意事項

1. 湯種麵糰的特性較一般麵糰濕及黏，搓時麵糰似泥狀不能成糰，需要用膠刮輔助。

2. 搓完的麵糰表面較黏及濕，可以撒少許高筋麵粉在枱上，讓麵糰表面沾上乾粉才容易搓圓。

液種冷藏法

*冷藏時間：建議12-24小時內使用完畢，為水合品質最佳狀態。

A.液種：（第一天）
材料

高筋粉...........................75克
水...............................75克
即用依士.........................1克

做法

1. 將材料拌勻，無需搓至起筋。
2. 室溫發酵30分鐘，然後放入雪櫃低溫發酵16小時。
3. 若室溫超過28度，液種拌勻即可放入雪櫃，無需再室溫發30分鐘。

B.主麵糰：（第二天）*16小時後*
材料

高筋粉...........................120克
低筋粉...........................40克
冰水.............................80克
鹽...............................3克
即用依士.........................1克

做法

1. 前一晚先將A的液種材料混合均勻後，覆蓋上保鮮膜放置於室溫30分鐘（冬季1小時），再進低溫冷藏16小時。
2. 第二天將A的液種（不必回溫）與主麵糰材料混合搓至起筋，然後進行發酵35-45分鐘。
3. 發酵完成，將麵糰取出，用手按壓排氣。
4. 接著用手輕輕拉開麵糰成長方形。折疊成3折*。
   將麵糰轉向90度，再輕輕拉開。重複將麵糰折疊一次。
   * 此「三折→轉90度→折疊三折」動作重複2次。
5. 將摺疊面翻向下，蓋上濕毛巾，麵糰靜止40分鐘（靜止期間，每20分鐘將麵糰翻動一次，即40分鐘翻動2次）。
6. 將麵糰平均分成4分，排氣及按扁，蓋上保鮮紙及濕毛巾，麵糰鬆弛10分鐘。
7. 麵包造型後，將麵糰放在已墊牛油紙的焗盤上，進行最後發酵30分鐘。
8. 焗爐預先用220℃預熱15分鐘，待麵糰發酵至兩倍大，在包面噴上少許清水及撒上適量高筋粉，用利刀在包面斜斜輕劃上刀紋，放入已預熱220℃焗爐焗20-25分鐘，在爐門關上前在焗爐內噴水，可使焗出來的麵包表面更香脆。

預拌粉－基本麵糰搓揉及發酵方法

做法

1. 將預拌粉放入不銹鋼盆內，粉中間開一小穴，將即溶乾酵母放在中央，其餘材料放在一旁，將清水倒入盆中央浸發酵母1分鐘，然後將所有材料拌勻成麵糰。

2. 將麵糰取出，放在枱上，用手掌將麵糰搓揉6分鐘至起筋，然後將麵糰不停拍打2分鐘以加強麵糰的筋性，最後將麵糰修圓成光滑的麵糰。

3. 焗爐調至100℃預熱1-2分鐘後關掉爐火。

   *這樣做是為了藉餘溫的熱力去幫助麵糰發酵。

4. 將麵糰放入清潔的不銹鋼盆內，向麵糰表面噴上適量水份，蓋上保鮮紙。保鮮紙表面同時也要噴上清水來防止麵糰乾燥，將鋼盆放在已墊濕毛巾的焗盤上，放入已預熱並關火的焗爐內，進行第一次發酵，需時35-45分鐘或麵糰發酵至原來麵糰的2-3倍大。

   （其間可以每隔15-20分鐘將鋼盆拿出來，然後將重開焗爐加熱1-2分鐘後關掉，再將鋼盆放回入焗爐，這樣確保焗爐入面的溫度平均，從而幫助麵糰在指定的時間內完成發酵過程。）

5. 將麵糰從焗爐取出，要預先測試麵糰是否已完成發酵，用沾滿高筋粉的手指插入麵糰中央，若麵糰發酵適當，指孔不會收縮，即表示第一次發酵完成。相反，若指孔迅速收縮或回彈，表示發酵未完成，要繼續發酵5-15分鐘或檢查程序有無出錯。

6. 發酵完成後，將麵糰取出及用手輕輕將麵糰按扁及排氣，將麵糰左右兩邊摺疊，再捲摺成長條形，然後將麵糰平均分割成所需等分，及即時將麵糰搓圓或拍摺成長形，放在枱上用保鮮紙及濕毛巾蓋好，鬆弛麵糰15-20分鐘，便可以進行造型。

7. 將已造型的麵糰表面噴上適量水份，蓋上保鮮紙，按照步驟3的方法將整盆麵糰放入焗爐進行最後發酵30分鐘或發至2-3倍大。

8. 將整盆麵糰取出，放在溫暖的地方繼續發酵，焗爐調至180℃預熱15分鐘。

9. 麵糰發酵完成後，在麵糰表面掃上適量蛋漿或其他裝飾，放入已預熱至180℃的焗爐，焗13-15分鐘至金黃色即成鬆軟的麵包。

   *時間操控按照不同型號家庭式焗爐會有少許差異。

預拌粉 - 基本麵糰搓揉及發酵圖解

開始烘焙

亞麻籽包

製作時間 2小時30分

難易度 ★

份量

8個

（低溫發酵方法：1小時30分）

麵糰材料		
高筋粉	250克	
奶粉	3克	
砂糖	15克	
幼鹽	5克	
固體菜油	20克	
溫水	160克	
即用依士	4克	

包面裝飾

亞麻籽 .... 適量

亞麻籽

做法

1. 參閱p.16-19的方法搓揉基本麵糰及進行第一次發酵。

2. 將麵糰平均分割成8份，滾圓，讓麵糰鬆弛15-20分鐘。

3. 將麵糰再次搓圓及將空氣排出，麵糰表面噴少許水，然後沾上亞麻籽。

4. 排放在焗盤上，進行最後發酵（方法參閱p.19）。

5. 待麵糰發酵至兩倍大，放入已預熱的焗爐，用180℃焗15分鐘即成。

Tips

想食得更健康，平時可以用亞麻籽包搽果醬或夾其他餡料來吃。

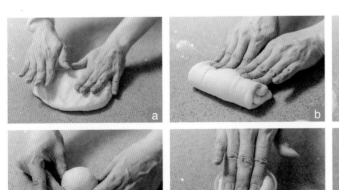

全麥吐司

製作時間 2 小時 30 分

（低溫發酵方法：1小時30分）

難易度	份量	麵包模
★		450g
	1個（1磅方包）	450克有蓋 不黏吐司模

麵糰材料

高筋粉	300克
全麥粉	50克
砂糖	15克
幼鹽	5克
固體菜油	20克
溫水	220克
即用依士	5克

做法

1. 參閱 p.16-19的方法搓揉基本麵糰及進行第一次發酵。

2. 將麵糰平均分割成3份，拍摺成長形，讓麵糰鬆弛15-20分鐘。

3. 將麵糰按扁及用木棍擀薄成4吋x12吋長形，將麵糰由上向下捲起，收口壓實。

4. 放入已掃油的模內，進行最後發酵（方法參閱 p.19）。

5. 待麵糰發酵至8成滿，蓋上麵包模頂蓋上好，放入已預熱至200℃的焗爐底層，先焗20分鐘，然後改用180℃爐溫，再焗25分鐘，麵包出爐即脫模放涼。

Tips

全麥粉與高筋粉的比例可以自行調配，但要自行增加水份。

玉米包

製作時間

2 小時 30 分

（低溫發酵方法：1小時30分）

難易度

★

份量

8個

麵糰材料

高筋粉 250克

奶粉 3克

砂糖 15克

幼鹽 5克

固體菜油 20克

溫水 160克

即用依士 4克

包面裝飾

玉米粉 .... 適量

玉米粉

做法

1. 參閱 p.16-19的方法搓揉基本麵糰及進行第一次發酵。

2. 將麵糰平均分割成8份，滾圓，讓麵糰鬆弛15-20分鐘。

3. 將麵糰再次搓圓及將空氣排出，麵糰表面噴少許水，然後沾上燕麥片。

4. 排放在焗盤上，進行最後發酵（方法參閱 p.19）。

5. 待麵糰發酵至兩倍大，放入已預熱的焗爐，用180℃焗15分鐘即成。

Tips

如覺得玉米包太單調，偶然在麵糰內包入火腿及芝士，改做長形麵包，包面沾上玉米粉，就成為市售的芝士潛艇包啦！

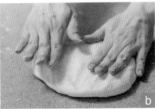

紅麴桂圓包

製作時間 **2 小時 30 分**

（低溫發酵方法：1小時30分）

難易度 **★★**

份量 1個

麵糰材料

高筋粉	125克
紅麴粉	5克
幼鹽	2克
固體菜油	10克
依士	2克
砂糖	5克
溫水	80克

餡料

桂圓肉	15克（切成幼粒）

做法

1. 參閱 p.16-19的方法搓揉基本麵糰及進行第一次發酵。

2. 將麵糰壓扁及拍摺成長形，讓麵糰鬆弛 15-20分鐘。

3. 將麵糰按扁及輕輕拉長，放上桂圓肉，將下方1/3部份麵糰反向中央，麵糰上方摺向中央，再捲向底部，將收口壓實，搓成欖形。

4. 將麵糰排放在焗盤上，進行最後發酵（方法參閱p.19）。

5. 待麵糰發酵至兩倍大，包面噴少許水，撒上少許高筋粉，然後用刀片剐幾刀，放入已預熱的焗爐，焗爐入面噴幾下水。用180℃焗25-30分鐘即成。

Tips

包未入爐切勿貪快用刀去剐面，要待入爐時才做此動作。

杞子核桃吐司

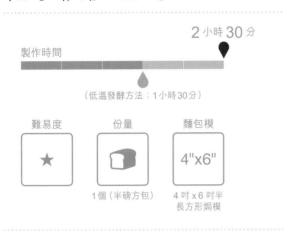

製作時間 2 小時 30 分

（低溫發酵方法：1小時30分）

難易度	份量	麵包模
★		4"x6"
	1個（半磅方包）	4 吋 x 6 吋半 長方形焗模

麵糰材料

高筋粉	125克
砂糖	7克
幼鹽	2克
固體菜油	10克
溫水	70克
即用依士	2克

餡料

杞子	20克
核桃	40克

包面

蛋液	適量

做法

1. 參閱 p.16-19的方法搓揉基本麵糰及進行第一次發酵。

2. 將麵糰按扁及拍摺成長形，讓麵糰鬆弛 15-20 分鐘。

3. 核桃預先放入已預熱 150℃ 的焗爐，焗 8-10 分鐘至脆，放涼備用。

4. 杞子用清水浸軟，備用。

5. 將麵糰按扁及用木棍擀薄成 5吋 x12吋長形，放上杞子及核桃，然後將麵糰由上向下捲起，收口壓實。

6. 放入已掃油的模內，進行最後發酵（方法參閱 p.19）。

7. 待麵糰發酵至 8 成滿，包面掃上蛋液，放入已預熱的焗爐底層，用 180℃ 焗 15 分鐘，然後改放在中層，包面蓋上錫紙再焗 10 分鐘。麵包出爐即脫模放涼。

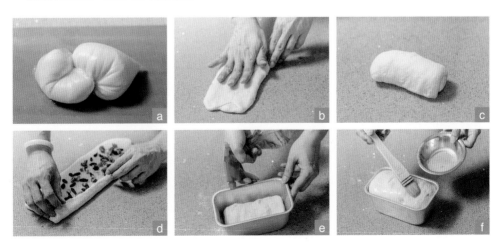

燕麥包

製作時間　　　　　　　2 小時 30 分

（低溫發酵方法：1 小時 30 分）

難易度
★

份量
8 個

麵糰材料		溫水 .... 140 克
高筋粉 .... 250 克		即用依士 .... 4 克
奶粉 .... 8 克		雞蛋 .... 25 克
砂糖 .... 30 克		包面
幼鹽 .... 2 克		燕麥片 .... 適量
固體菜油 .... 15 克		

燕麥片

做法

1. 參閱 p.16-19 的方法搓揉基本麵糰及進行第一次發酵。

2. 將麵糰平均分割成 8 份，滾圓，讓麵糰鬆弛 15-20 分鐘。

3. 將麵糰再次搓圓及將空氣排出，麵糰表面噴少許水，然後沾上燕麥片。

4. 排放在焗盤上，進行最後發酵（方法參閱 p.19）。

5. 待麵糰發酵至兩倍大，放入已預熱的焗爐，用 180℃ 焗 15 分鐘即成。

Tips

想食得更健康，平時都可以用燕麥包來搽果醬或夾其他餡料來吃。

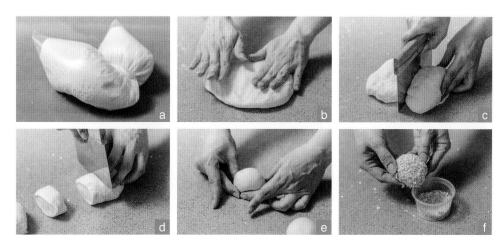

紫薯吐司

製作時間 2 小時 30 分

（低溫發酵方法：1小時30分）

難易度	份量	麵包模
★★	🍞	4" x 6"
	1個（半磅方包）	4 吋 x 6 吋半長方形焗模

麵糰材料

高筋粉	125克
砂糖	15克
奶粉	4克
幼鹽	1克
固體菜油	10克
溫水	80克
即用依士	2克

餡材料

紫番薯茸	40克（餡料）

包面裝飾

水牛芝士	適量

做法

1. 參閱 p.16 搓揉好基本麵糰。

2. 紫番薯1個約80克去皮切片，加入少許清水，放入鑊內蒸熟，蒸熟後將水倒出，然後將紫薯壓爛成茸，備用。

3. 搓好後的麵糰平均分割成2份，其中一份加入50克紫薯茸搓勻成紫色麵糰，分開2份麵糰發酵。參閱 p.17-18 進行第一次發酵。

3. 將麵糰按扁及拍摺成長形，讓麵糰鬆弛 15-20 分鐘。

4. 將白色及紫色麵糰按扁及用木棍輾薄成6吋 x12吋長形。將紫色麵糰放在白色麵糰上面，加入紫薯粒，由上向下捲至底部，將收口壓實。

5. 將麵糰放入已掃油的方包模內，進行最後發酵（方法參閱 p.19）。

6. 待麵糰發酵至兩倍大，包面掃上蛋漿，然後撒上芝士碎，放入已預熱的焗爐底層，用180℃焗15分鐘，然後改放在中層，包面蓋上錫紙再焗10分鐘即成。

Tips

在蒸番薯時，可以另外將部份約30克紫薯肉切片，無需加水去蒸，蒸完輕壓成粒粒餡狀，造型時，放在紫薯麵糰內，增加麵包口感。

葵花籽辮子包

製作時間　2 小時 30 分

（低溫發酵方法：1小時30分）

難易度
★★

份量

2條

麵糰材料

高筋粉 125克

砂糖 7克

幼鹽 2克

固體菜油 10克

溫水 80克

即用依士 2克

餡料

葵花籽 10克

掃面

蛋漿 .... 適量

葵花籽

做法

1. 參閱 p.16-19 的方法搓揉基本麵糰及進行第一次發酵。

2. 將麵糰平均分割成4份，搓成圓形，讓麵糰鬆弛15-20分鐘。

3. 將麵糰按扁排氣，將上下麵糰各向中央對摺，然後將上下抽起黏合，用雙手將麵糰向左右兩邊搓成14吋長條形，備用。

4. 每個包要用2條麵糰組合，將一條麵糰橫放，另一條直放在上面成十字形狀，先取起橫放左右的麵條交叉對掉位置，然後上下兩條交叉疊放，上面一條疊放下面，重複左右交疊及上下交疊的動作至完成瓣子形狀，收口壓實，將收口反摺入麵糰底部。包面噴上少許清水，放上葵花籽即成。

5. 排放在焗盤上，進行最後發酵（方法參閱 p.19）。

6. 待麵糰發酵至兩倍大，包面掃上蛋漿，放入已預熱的焗爐，用180℃焗12-15分鐘即成。

Tips

若想只做一條較大的辮子包，可以將麵糰平均分為2份。

a

b

c

d

e

f

多穀四葉包

製作時間
2 小時 30 分

難易度

★

份量

4 個

麵糰材料

金像牌多穀麵包預拌粉
.........................250克（1包）

即溶乾酵母.........................1 包
（隨預拌粉附送）

清水 140克

植物油/無鹽牛油 12.5克

包面裝飾

蛋漿 .... 適量

Tips

追求健康的香港人，多數會採用營養及纖維含量高的麵粉及加入不同的果仁或穀物，提昇麵包的營養價值。選用多穀麵包預拌粉，除了有齊所需營養成份，更加入豐富的多穀類食材及果仁，一盒已有齊所需份量，用來製作造型麵包及吐司，方便又快捷。

做法

1. 參閱 p.27-29 搓揉基本麵糰及進行第一次發酵。

2. 將麵糰平均分割成4份，滾圓，讓麵糰鬆弛 15-20分鐘。

3. 將麵糰重新滾圓、排氣，然後按扁，用剪刀將麵糰剪成4片葉形，排放在焗盤上，進行最後發酵（方法參閱 p.19）。

4. 待麵糰發酵至兩倍大，在包面輕輕掃上適量蛋漿，放入已預熱180℃焗爐焗 13-15分鐘即成。

黑糖提子包

製作時間 **2 小時 30 分**

（低溫發酵方法：1小時30分）

難易度　　　份量

★

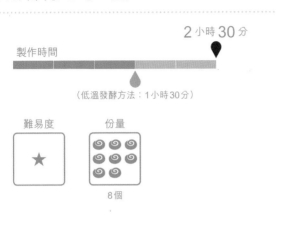

8個

麵糰材料	
高筋粉	250克
奶粉	8克
雞蛋	25克
幼鹽	2克
牛油	15克
依士	5克
黑糖	45克
溫水	140克
餡料	
提子乾	40克
掃面蛋漿	適量

做法

1. 參閱 p.16-19的方法搓揉基本麵糰及進行第一次發酵。

2. 將麵糰平均分割成8份，搓成圓形，讓麵糰鬆弛 15-20分鐘。

3. 將麵糰按扁，加入提子乾收口及搓圓。

4. 排放在焗盤上，進行最後發酵（方法參閱 p.19）。

5. 待麵糰發酵至兩倍大，輕手掃上蛋漿，放入已預熱的焗爐，用180℃焗15分鐘即成。

Tips

提子乾預先用熱水沖洗，加入少許冧酒浸一會，可以提升提子的香味。

黑芝麻吐司

製作時間　　　　　　　　　2 小時 30 分

難易度　　　　份量　　　　麵包模

★　　　　　　　　450g

　　　　1 個（1磅方包）　　450 克有蓋
　　　　　　　　　　　　不黏吐司模

麵糰材料

高筋粉 350克

黑芝麻粉 40克

奶粉 3克

砂糖 15克

幼鹽 5克

固體菜油 20克

溫水 220克

即用依士 5克

做法

1. 參閱 p.16-19 的方法搓揉基本麵糰及進行第一次發酵。

2. 將麵糰平均分割成 3 份，拍摺成長形，讓麵糰鬆弛 15-20 分鐘。

3. 將麵糰按扁及用木棍擀薄成 4吋x12吋長形，將麵糰由上向下捲起，收口壓實。

4. 放入已掃油的模內，進行最後發酵（方法參閱 p.19）。

5. 待麵糰發酵至 8 成滿，蓋上麵包模頂蓋上好，放入已預熱200℃ 的焗爐底層，先焗 20 分鐘，然後改用 180℃ 爐溫，再焗 25 分鐘，麵包出爐即脫模放涼。

Tips

黑芝麻粉的比例可以按個人喜好增加份量。

無花果核桃鄉村包

製作時間

2 小時 30 分

難易度
★

份量

4個

麵糰材料

金像牌鄉村包預拌粉
.... 250克（1包）

即溶乾酵母...................... 1包
（隨預拌粉附送）

清水 150克

餡料

無花果乾 .... 4粒（切片）

去衣核桃 40克

包面裝飾

金像牌頂級麵包粉.......... 適量
（高筋粉）

做法

1. 參閱 p.27-29 搓揉基本麵糰及進行第一次發酵。

2. 將麵糰平均分割成4份，按壓成長形，讓麵糰鬆弛15-20分鐘。

3. 核桃預先放入已預熱至150℃焗爐，焗8-10分鐘至鬆脆，取出放涼。

4. 將麵糰按扁成長條形，將適量餡料加入捲起及黏緊收口，捲成欖形，用木棍將上端1/3麵糰擀薄，然後用膠刮從中央切開，覆下交叉按壓在麵糰底部。進行最後發酵（方法參閱 p.19）。

5. 待麵糰發酵至兩倍大，在包面噴上少許清水及撒上適量高筋粉，放入已預熱至220℃焗爐焗20-25分鐘，在爐門關上前在焗爐內噴水，可使焗出來的麵包表面更香脆（或在明火焗爐裏放一盆熱水）。

Tips

平日一向常吃港式、日式麵包，若突然想轉下口味吃歐陸式麵包，相信有一難度。因為除了高筋粉外，還要準備黑麥粉。瑞士鄉村包預拌粉就可以完全解決問題，只需要加水就可以做出歐陸麵包，更可加入不同的的乾果或果仁，增添風味。

a

b

c

d

e

f

煉奶包

製作時間　　　　　　　　2 小時 30 分

（低溫發酵方法：1 小時 30 分）

難易度	份量	麵包模
★★	🍞	6"
	1份	6吋 戚風蛋糕模

已拌勻的塗餡材料

麵糰材料	無鹽牛油 20克
高筋麵粉 200克	煉奶 20克
砂糖 20克	牛奶 135克
幼鹽 2克	塗餡材料
即用依士 3克	無鹽牛油 20克
奶粉 5克	煉奶 20克

做法

1. 參閱 p.16-18 的方法搓揉基本麵糰及進行第一次發酵。

2. 將鬆弛完的麵糰取出，按壓一下，用木棍平均推長9吋x12吋長方形（約A4紙大小）。

3. 將餡料拌勻，平均塗在麵糰上；然後切成6條長條形，3條層疊在一起，每條再分成8件，全部合並有16件。

4. 將麵糰以垂直的方向放入戚風蛋糕模內，這樣容易看到層次，隨意放上便可。

5. 麵糰表面噴上清水，進行最後發酵至兩倍大。

6. 焗爐預先用180℃預熱15分鐘。將發酵好的麵糰塗上剩餘的塗料，再放入焗爐，用180℃焗20-25分鐘。

7. 焗好的麵包放涼後脫模，包面撒上防潮糖霜即成。

Tips

每個焗爐的爐溫不同，最後焗的時間可能會有幾分鐘的差別。

若無戚風蛋糕模，都可以用其他的模盆做出另類風格的造型。

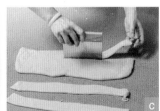

墨西哥花環卷

製作時間 2 小時 30 分

（低溫發酵方法：1小時30分）

難易度 ★★

份量
8個

麵糰材料

高筋粉	250克
奶粉	9克
砂糖	35克
幼鹽	3克
即用依士	6克
清水	100克
雞蛋	25克
無鹽牛油	20克
湯種	1份（約67克）

墨西哥包餡料

軟牛油	80克
砂糖	25克
麵粉	30克

做法

1. 墨西哥包餡做法：將所有材料拌勻，即成。

2. 參閱 p.24 製作湯種，及參閱 p.25 的湯種麵糰搓揉方法搓揉麵糰及進行第一次發酵。

3. 將第一次發酵後的麵糰平均分割成8份，按摺成長形，讓麵糰鬆弛15-20分鐘。

4. 將麵糰按扁，用木棍將麵糰擀薄成5吋 x6吋長方形，將適量的餡料放在麵糰頂部1/3位置，餘下麵糰部份用膠刮刀直向平均切四刀，將餡料慢慢包上及向下捲起成形，輕輕將麵糰底部壓實，然後將頭尾兩端連接一起成圓圈狀，進行最後發酵（方法參閱p.19）。

5. 待麵糰發酵至兩倍大，在麵糰凸起部份輕手掃上蛋漿，凹陷處及中央唧上適量的墨西哥餡料，放入已預熱至180℃的焗爐焗13-15分鐘即成。

Tips

餡料放入多少隨意，最好預留一半份量做包面裝飾。

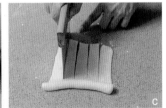

開心果芝士條

製作時間 　　　　　　 **2 小時 30 分**

（低溫發酵方法：1 小時 30 分）

難易度 ★

份量 8 個

麵糰材料		雞蛋 25克
高筋粉 250克		無鹽牛油 20克
奶粉 9克		湯種 ....*1份（67克）
砂糖 35克		餡料
幼鹽 3克		開心果仁 40克
即用依士 6克		包面裝飾
清水 100克		沙律醬及水牛芝士碎 ... 適量

開心果仁

水牛芝士碎

做法：

1. 參閱 p.24 製作湯種，及參閱 p.25 的湯種麵糰搓揉方法搓揉麵糰及進行第一次發酵。

2. 將第一次發酵後的麵糰平均分割成 8 份，搓圓，讓麵糰鬆弛 15-20 分鐘。

3. 將麵糰按扁及推成長形，放上適量開心果仁及芝士碎，然後將麵糰橫向，將麵糰下方 1/3 部份麵糰反向中央，麵糰上方摺向中央及拍摺捲向底部，將收口壓實，兩邊搓成欖形。

4. 待麵糰發酵至兩倍大，表面掃上蛋漿，包面唧上少許沙律醬及撒上芝士碎，放入已預熱的焗爐，用 180℃ 焗 15 分鐘即成。

番茄奶油脆豬

製作時間　**2 小時 30 分**

（低溫發酵方法：1小時30分）

難易度　★★

份量　　6個

麵糰材料

金像牌港式豬仔包預拌粉
.... 250克（1包）

即溶乾酵母 1包
（隨預拌粉附送）

番茄汁 180克

包面裝飾

金像牌頂級麵包粉 .... 適量
（高筋粉）

做法

1. 參閱 p.27-29搓揉基本麵糰及進行第一次發酵。將番茄汁代替水份去搓揉。

2. 將第一次發酵後的麵糰平均分割成6份，滾圓，讓麵糰鬆弛 15-20 分鐘。

3. 將麵糰重新滾圓及排氣，排放在焗盤上，進行最後發酵（方法參閱 p.19）。

4. 待麵糰發酵至兩倍大，在包面噴上少許清水及撒上適量高筋粉，放入已預熱至200℃的焗爐焗20分鐘，在爐門關上前在焗爐內噴上適量清水，可使焗出來的麵包表面更香脆。

5. 麵包出爐後將麵包橫切，搽上牛油及煉奶即成。

Tips

用預拌粉好處是除了可省卻秤量基本材料時間，更可發揮個人創意。

今次將即飲番茄汁（tomato juice）加入豬仔包預拌粉內，焗出來的麵包番茄香味濃郁，麵包非常香脆可口。

葵花籽黑白芝麻餐包

製作時間 2小時45分
（低溫發酵方法：1小時30分）

難易度 ★

份量 16個

麵包模 8" 8吋方形模

麵糰材料

高筋粉 250克

奶粉 3克

砂糖 15克

幼鹽 5克

固體菜油 20克

溫水 165克

即用依士 4克

包面料

黑白芝麻、葵花籽 .. 各20克

黑芝麻

葵花籽

做法

1. 參閱p.16-18的方法搓揉基本麵糰及進行第一次發酵。

2. 將麵糰平均分割成16份，滾圓，讓麵糰鬆弛15-20分鐘。

3. 將麵糰再次搓圓及將空氣排出，麵糰表面噴少許清水，然後各半分別沾上黑、白芝麻及葵花籽餡料。

4. 焗盆上放上方形模及牛油紙，然後將麵糰間色排放在模內，進行最後發酵（方法參閱p.19）。

5. 待麵糰發酵至兩倍大，放入已預熱的焗爐，用180℃焗15分鐘即成。

Tips

餡面可以按個人喜好改為其他果仁類都可以。

芝麻腸仔包

製作時間　2 小時 30 分

（低溫發酵方法：1小時30分）

難易度
★

份量
8個

麵糰材料

高筋粉.........................250克

奶粉 8克

砂糖 30克

幼鹽 2克

無鹽牛油（或固體菜油）...15克

溫水 140克

即用依士 4克

雞蛋 25克

餡料

腸仔 8條

芝麻 ....適量

做法

1. 參閱 p.16-18 的方法搓揉基本麵糰及進行第一次發酵。

2. 將麵糰平均分割成 8 份，拍摺成長形，讓麵糰鬆弛 15-20 分鐘。

3. 將麵糰按扁及按壓成一條繩子狀，然後繞著腸仔捲起，兩旁留 1 吋位置不用捲。

4. 將包排放在焗盤上，進行最後發酵（方法參閱 p.19）。

5. 待麵糰發酵至兩倍大，包面掃上蛋漿及撒上少許芝麻，放入已預熱的焗爐，用 180℃ 焗 15 分鐘即成。

Tips

請勿將幾份零碎的麵糰接疊一起用來捲腸仔包，否則包的外型會有爆口的機會。

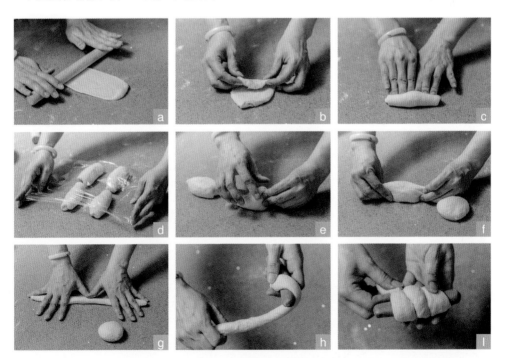

朱古力墨西哥包

製作時間　　　　　　　　　　2 小時 30 分

難易度　　　　份量

★　　　　

6個

麵糰材料	餡料
金像牌墨西哥包	55% 濃度朱古力粒 ..12粒
預拌粉.....175克（1包）	包面裝飾
即溶乾酵母................1 包	墨西哥包面預拌粉
（隨預拌粉附送）	.........75克（半包份量）
清水 105克	無鹽牛油 100克
植物油....................15克	（放室溫回軟）
	入爐朱古力粒...........適量

做法

1. 參閱 p.27-29 的方法搓揉基本麵糰及進行第一次發酵。

2. 將麵糰平均分割成6份，滾圓，讓麵糰鬆弛15-20分鐘。

3. 將包面預拌粉拌勻，放入唧袋內，備用。

4. 將麵糰按扁，每份包入2粒朱古力粒，捏緊收口，將麵糰
   反轉收口向下，用手輕輕將麵糰按壓，放入可入爐的紙模
   內進行最後發酵（方法參閱 p.19）。

5. 待麵糰發酵至兩倍大，在麵糰表面打圈唧上包面裝飾約
   8成滿及放上適量入爐朱古力粒裝飾，放入已預熱至180℃
   的焗爐焗13-15分鐘即成。

Tips

麵包與餡料比例要恰當，若餡料太多，麵糰很難完全包裹；
若太少，麵包就會欠缺風味。
墨西哥預拌粉就可為您提供黃金比例，內附合適的麵糰及
餡料份量，確保每個麵包都有充足的餡料。

心形吞拿魚包

製作時間　2 小時 30 分

（低溫發酵方法：1 小時 30 分）

難易度　　　份量

★

8 個

麵糰材料

高筋粉	250 克
奶粉	9 克
砂糖	35 克
幼鹽	3 克
即用依士	6 克
清水	100 克
雞蛋	25 克
無鹽牛油	20 克
湯種	1 份（67 克）*

吞拿魚粟米餡料

（請參照 p.126 餡料製法）

掃面蛋漿	適量
沙律醬及水牛芝士碎	各適量

做法

1. 湯種製法：詳見 p.24 湯種製作過程。

2. 參閱 p.25 的湯種麵糰搓揉方法搓揉麵糰及進行第一次發酵。

3. 將麵糰平均分割成 8 份，滾圓，讓麵糰鬆弛 15-20 分鐘。

4. 將麵糰壓扁，用木棍慢慢推成長形，用刮刀由中間將麵糰切開三分之二，將切開兩邊的麵糰向內反摺入成心形，將吞拿魚粟米餡料放上，排放在焗盤上，進行最後發酵（方法參閱 p.19）。

5. 待麵糰發酵至兩倍大，輕手掃上蛋漿，包面唧上少許沙律醬及撒上芝士碎，放入已預熱的焗爐，用 180℃ 焗 15 分鐘即成。

Tips

麵包造型隨個人喜好，餡料可以改包入麵糰內做成任何形狀。

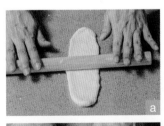

沙律芝士腸包

製作時間　2 小時 30 分

（低溫發酵方法：1小時30分）

難易度　★

份量
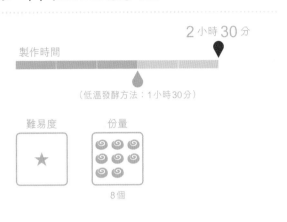
8個

麵糰材料

高筋粉	250克
奶粉	8克
砂糖	30克
幼鹽	2克
無鹽牛油	15克
溫水	140克
即用依士	4克
雞蛋	25克

餡料

腸仔	8條
水牛芝士	適量
沙律醬	適量

做法

1. 參閱 p.16-18 的方法搓揉基本麵糰及進行第一次發酵。

2. 將麵糰平均分割成8份，拍摺成長形，讓麵糰鬆弛15-20分鐘。

3. 將麵糰壓扁成橢圓形，在麵糰中央按一條坑，將腸仔放在坑位及按實。

4. 將包排放在焗盤上，進行最後發酵（方法參閱p.19）。

5. 待麵糰發酵至兩倍大，包面掃上蛋漿，唧上沙律醬及撒上少許芝士，放入已預熱的焗爐，用180℃焗15分鐘即成。

Tips

擺放腸仔時要平放及用力壓實，否則最後發酵後，腸仔傾則時都不能再按壓。

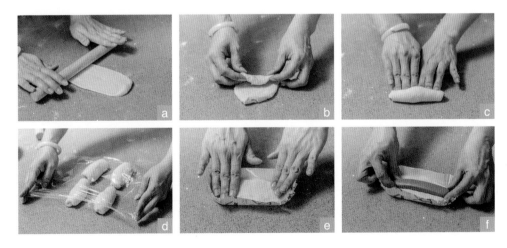

熱狗包

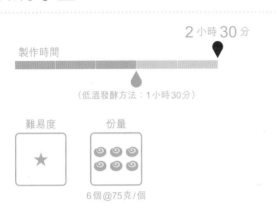

製作時間 **2** 小時 **30** 分

（低溫發酵方法：1小時30分）

難易度　　份量

★

6個 @75克/個

主麵糰材料

高筋粉	250克
奶粉	3克
砂糖	15克
幼鹽	5克
固體菜油	20克
溫水	165克
即用依士	4克

掃面

蛋漿	適量

餡料

腸仔	6條（已煎熟）
沙律醬、生菜	各適量
番茄、青瓜	各適量

包面

黑白芝麻（已炒）	適量

做法

1. 參閱 p.16-18 的方法搓揉基本麵糰及進行第一次發酵。

2. 將麵糰平均分割成6份，拍摺成長形，讓麵糰鬆弛 15-20 分鐘。

3. 將麵糰按扁及輕輕拉長，將下方三分一處的麵糰反向中央，麵糰上方摺向中央，再捲向底部，將收口壓實，搓成欖形，包面搽上少許清水，沾上適量的黑白芝麻，放在焗盤上，進行最後發酵（方法參閱 p.19）。

4. 待麵糰發酵至兩倍大，放入已預熱的焗爐，用 180℃ 焗 15 分鐘。

5. 麵包出爐放涼一會，切開，加入已預先煎熟的腸仔及其他餡料，即成。

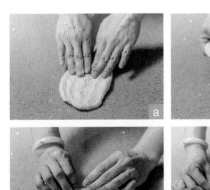

白汁雞肉包

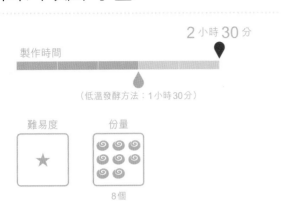

製作時間 2 小時 30 分

（低溫發酵方法：1小時30分）

難易度 ★

份量

8個

麵糰材料

高筋粉	250克
奶粉	8克
砂糖	30克
幼鹽	2克
無鹽牛油（或固體菜油）	15克
溫水	140克
即用依士	4克
雞蛋	25克

餡料

白汁雞肉包餡

（請參照p.126的製法）

做法：

1. 參閱p.16-18的方法搓揉基本麵糰及進行第一次發酵。

2. 將麵糰平均分割成8份，滾圓，讓麵糰鬆弛15-20分鐘。

3. 將麵糰按扁，包入適量雞肉餡，收口前將形狀拉成三角形，然後黏緊收口，將麵糰反轉收口向下，用手輕輕將麵糰按壓。

4. 排放在焗盤上，進行最後發酵（方法參閱p.19）。

5. 待麵糰發酵至兩倍大，輕手掃上蛋漿，包面撒上少許香草裝飾，放入已預熱的焗爐，用180℃焗15分鐘即成。

TIPS

雞肉包可以做出不同的形狀，只要在收口前準備想要做的形狀，便能得心應手。

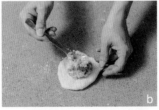

Tips

家中有小朋友，做父母的一定會將最好及有營養的食物給
他們。
所以，現今的父母都會自學或外出學做麵包，希望自己的
囝囡能夠避免進食市面售賣加入添加劑或膨脹劑的麵包。
用預拌粉做麵包，安全可靠外，還可以與囝囡進行親子活
動，加強親子溝通。

菠蘿烏龜包

製作時間　2 小時 45 分

難易度

★★★

份量

4個

麵糰材料

金像牌菠蘿包預拌粉 175克（1包）
即溶乾酵母...1包（隨預拌粉附送）
清水 105克
植物油.. 14克
蛋漿 3克

烏龜殼餡料

菠蘿包皮預拌粉.... 75克（半包份量）
無鹽牛油 ....18克（放室溫回軟）
蛋漿 6克
抹茶粉...3克

包面裝飾

蛋漿 .... 適量
裝飾朱古力漿或朱古力筆........適量

做法：

1. 詳細基本麵糰搓揉方法及第一次發酵方法，請參閱 p.27-29。

2. 將麵糰按照烏龜身體所需份量分割好，排氣及滾圓，讓麵糰鬆弛 15-20 分鐘。

3. 將烏龜殼材料搓揉成糰，然後平均分成四份，備用。

4. 將烏龜的頭及身體部份搓成圓形，尾及手腳份量搓成長條形，手腳麵糰搓長後一開二，然後預先將身體各部位排放好，最後將身體部份放上及輕力壓實，將烏龜排放在焗盆上，進行最後發酵（最後發酵方法參閱 p.19）。

5. 待麵糰發酵至兩倍大，將烏龜殼麵糰搓成圓形，夾在保鮮紙內壓扁，用膠刮輕手壓上井字紋，然後慢慢覆蓋在烏龜身上，整個烏龜包掃上蛋漿，放入已預熱至 180℃ 的焗爐內，焗 13-15 分鐘，出爐放涼。

6. 用適量的朱古力漿或用朱古力筆畫上烏龜眼睛及口，即成。

烏龜身體麵糰分割份量

（麵糰份量約 300 克）

烏龜頭：每個 8 克 x 4=32 克
烏龜尾巴：每個 2 克 x 4=8 克
烏龜手腳：每個 8 克 x 4=32 克
烏龜身體（餘下麵糰平均分割）：
228 克 / 4，每個約 57 克

椰檳

製作時間 2 小時 30 分

（低溫發酵方法：1小時30分）

難易度 ★

份量 4個

麵糰材料

高筋粉 125克

奶粉 4克

砂糖 15克

幼鹽 1克

無鹽牛油 8克

溫水 70克

即用依士 2克

雞蛋 13克

椰蓉餡料

椰絲 30克

砂糖 20克

牛油溶液 30克

掃面

蛋漿 .... 適量

拌勻後的椰茸餡

做法

1. 將所有椰蓉餡料拌勻。

2. 參閱 p.16-18 的方法搓揉基本麵糰及進行第一次發酵。

3. 將麵糰平均分割成4份，拍摺成長形，讓麵糰鬆弛15-20分鐘。

4. 每份麵糰用木棍擀薄成5吋x5吋方形，將椰蓉餡搽滿一半麵糰，然後將麵糰對摺及四邊壓實。在麵糰中央切兩刀，將麵糰向左右兩邊擰成紐繩狀及打結成花卷。

5. 將麵糰放在焗盤上，進行最後發酵（方法參閱p.19）。

6. 待麵糰發酵至兩倍大，輕手掃上蛋漿，放入已預熱的焗爐，用180℃焗15分鐘至金黃色即成。

Tips

可以將全份麵糰用木棍擀開，放上餡料及捲成長條型，然後分切成多份細小麵糰。

提子條

製作時間　**2** 小時 **30** 分

（低溫發酵方法：1小時30分）

難易度
★★

份量
8條

麵糰材料

高筋粉	250克
奶粉	9克
砂糖	35克
幼鹽	3克
即用依士	6克
清水	100克
雞蛋	25克
無鹽牛油	20克
湯種	*1份（67克）

餡料

提子乾 40克

（預先用熱水沖洗，加入1/2
茶匙冧酒拌勻）

掃面

蛋漿 .... 適量

做法

1. 湯種製法：詳見p.24湯種製作過程。

2. 參閱p.25的湯種麵糰搓揉方法搓揉麵糰及進行第一次發酵。

3. 將麵糰平均分割成2份，拍摺成長形，讓麵糰鬆弛15-20分鐘。

4. 將麵糰用木棍擀薄成7吋x12吋長形，將提子乾平均放在麵糰上，將麵糰對摺及四邊壓實。

5. 壓完再將麵糰推開至約8吋x8吋方形麵糰，然後將麵糰平均切成4份長條形。每條麵糰切一刀但不要切斷。將麵糰拉長及向左右兩邊擰成紐繩狀，然後將麵條拼合，麵條自然會合拼捲成一條繩形，收口壓實。

6. 將麵條放在焗盤上，進行最後發酵（方法參閱p.19）。

7. 待麵糰發酵至兩倍大，輕手掃上蛋漿，放入已預熱的焗爐，用180℃焗15分鐘至金黃色即成。

Tips

提子乾預先用熱水浸1分鐘，可以去除表面污垢及容易吸收冧酒的味道。

日式紅豆包

製作時間　　　　　　　2 小時 30 分

（低溫發酵方法：1 小時 30 分）

難易度　★

份量　8 個

主麵糰		雞蛋	25克
高筋粉	250克	無鹽牛油	20克
奶粉	9克	湯種*	1份（67克）
砂糖	35克	餡料	
幼鹽	3克	紅豆茸	150克
即用依士	6克	掃面	
清水	100克	蛋漿	適量

黑櫻米

紅豆茸

做法

1. 湯種製法：詳見 p.24 湯種製作過程。

2. 參閱 p.25 的湯種麵糰搓揉方法搓揉麵糰及進行第一次發酵。

3. 將麵糰平均分割成 8 份，滾圓，讓麵糰鬆弛 15-20 分鐘。

4. 將麵糰按扁，包入適量紅豆茸，黏緊收口，將麵糰反轉收口向下，用手輕輕將麵糰按壓。

5. 排放在焗盤上，進行最後發酵（方法參閱 p.19）。

6. 待麵糰發酵至兩倍大，輕手掃上蛋漿及撒上適量的黑櫻米，放入已預熱的焗爐，用 180℃ 焗 13-15 分鐘即成。

Tips

收口一定要用力去壓實，否則，發酵後收口容易爆爆裂。

a

b

c

d

e

f

日式菠蘿包

製作時間　　　　　　　　　　**2 小時 30 分**

（低溫發酵方法：1 小時 30 分）

難易度
★

份量

8個

主麵糰（1份）		無鹽牛油 20克
高筋粉 250克		湯種* .... 1份（67克）
奶粉 9克		菠蘿皮材料
砂糖 35克		低筋粉 95克
幼鹽 3克		泡打粉 1/4茶匙
即用依士 6克		無鹽牛油 ..... 65克（放室溫）
清水 100克		砂糖 30克
雞蛋 25克		

砂糖

做法：

1. 菠蘿皮做法：將所有材料拌勻，放入雪櫃冷藏，備用。

2. 參閱 p.24 製作湯種，及參閱 p.25 的湯種麵糰搓揉方法搓揉麵糰及進行第一次發酵。

3. 將麵糰平均分割成8份，滾圓，讓麵糰鬆弛 15-20 分鐘。

4. 將麵糰再次搓圓及將空氣排出。

5. 將菠蘿皮分均分成8份，每份壓成大圓形，包在已成型的麵糰上，將底部收口黏緊，皮面放入砂糖中按壓，讓整個麵糰外皮沾滿砂糖，在皮表面用膠刮刀剔上格仔紋。

6. 將包排放在焗盤上，進行最後發酵（方法參閱 p.19）。

7. 待麵糰發酵至兩倍大，放入已預熱的焗爐，用 180℃ 焗 15 分鐘即成。

雞尾卷

製作時間　　　　　　　　　　2 小時 30 分

難易度　　　份量

★

4 個

材料

金像牌雞尾包預拌粉
　　.....................175 克（1 包）
即溶乾酵母.....................1 包
　（隨預拌粉附送）
清水 ....105 克
植物油............................15 克

餡料

雞尾包餡預拌粉 ....75 克
　（半包份量）
無鹽牛油 ..43 克（放室溫回軟）
椰絲 ....20 克

包面裝飾

金像牌頂級麵包粉（高筋粉）
防潮糖霜 .... 適量

做法

1. 參閱 p.27-29 搓揉基本麵糰及進行第一次發酵。

2. 將麵糰平均分割成 4 份，按摺成長形，讓麵糰鬆弛 15-20 分鐘。

3. 將餡料搓揉成糰，然後平均分成 4 份，備用。

4. 將麵糰按扁，用木棍將麵糰擀薄成 5 吋 x 6 吋長形，將餡料放在麵糰頂部 1/3 位置，餘下麵糰部份用膠刮刀直向平均切四刀，將餡料慢慢包上及向下捲起成形，輕輕將麵糰底部壓實，進行最後發酵（方法請參閱 p.19）。

5. 待麵糰發酵至兩倍大，在麵糰表面噴上少許清水，然後撒上適量高筋粉，放入已預熱至 180℃ 的焗爐焗 13-15 分鐘即成。

Tips

平日做麵包多數只做一些簡單的款式，如腸仔包、火腿包等。就算很想吃雞尾包都會怕做餡料太麻煩，所以最後都放棄了。

自從金像牌出了雞尾包預拌粉，內附餡料，只要加入牛油及椰絲拌勻即成餡料，非常方便。相信大家日後就再無藉口，又可以隨時吃到鍾意的雞尾包。

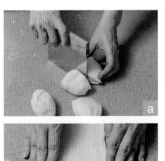

a　b　c　d　e　f

免炸冬甩

製作時間 **2 小時 30 分**

(低溫發酵方法：1小時30分)

難易度
★★

份量
8個

麵糰材料

高筋粉 250克

奶粉 8克

砂糖 30克

幼鹽 2克

固體菜油 15克

溫水 140克

即用依士 4克

雞蛋 25克

做法

1. 參閱 p.16-18的方法搓揉基本麵糰及進行第一次發酵。

2. 將麵糰平均分割成8份，滾圓，讓麵糰鬆弛 15-20分鐘。

3. 將麵糰按扁排氣，將上下麵糰各向中央對摺，然後將上下抽起黏合，用雙手將麵糰向左右兩邊搓成7吋長條形，把左邊1吋麵糰壓扁及拉開，將麵糰的另一端包覆起來。在內側將接口捏緊並用手回壓平，排放在焗盤上，進行最後發酵（方法請參閱 p.19）。

4. 待麵糰發酵至兩倍大，放入已預熱的焗爐，用180℃焗 12-15分鐘即成。

5. 麵糰出爐，表面掃上蜜糖或飲用水，然後撒上砂糖即成。

Tips

免炸冬甩可以改塗上黑或白朱古力，然後再撒上七彩朱古針，就可以變成小朋友的最愛，色彩繽紛的冬甩。

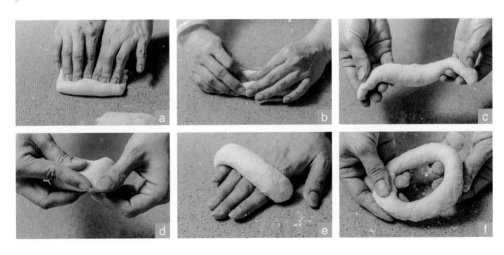

雞尾包

製作時間 **2** 小時 **30** 分

（低溫發酵方法：1小時30分）

難易度
★

份量

8個

主麵糰材料		雞尾包餡	
高筋粉	250克	牛油（硬）	70克
奶粉	9克	麵粉	20克
砂糖	35克	奶粉	20克
幼鹽	3克	砂糖	20克
即用依士	6克	椰絲	10克
清水	100克	包面裝飾	
雞蛋	25克	墨西哥餡	適量
無鹽牛油	20克	白芝麻	適量
湯種*	1份（67克）		

雞尾包餡

Tips

做雞尾包，最好與墨西哥包一齊做，因為雞尾包的兩條線是用墨西哥餡料。份量太少好難打起。

做法

1. 餡做法：所有材料內放入盆內，牛油切細粒，然後慢慢搓勻成糰。
2. 參閱 p.16-18 的方法搓揉基本麵糰及進行第一次發酵。
3. 將麵糰平均分割成8份，拍摺成長形，讓麵糰鬆弛 15-20 分鐘。
4. 將麵糰按扁及輕輕拉長，將下方 1/3 部份麵糰反向中央，餡料放在已摺疊的麵糰上，再將上方向下覆蓋餡料，然後輕壓收口及用手慢慢將麵糰向左右兩邊拉長，再按壓，再將麵糰反下來，收口向底再壓實。
5. 將包排放在焗盤上，進行最後發酵（方法參閱 p.19）。
6. 待麵糰發酵至兩倍大，包面掃上蛋漿及唧上兩條墨西哥餡料，然後撒上少許白芝麻，放入已預熱的焗爐，用180℃焗15分鐘即成。

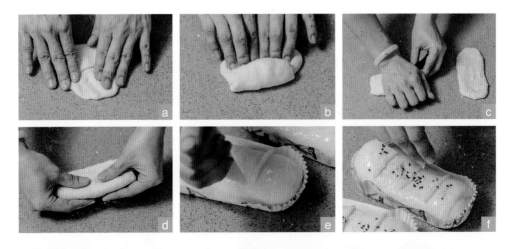

93

墨櫻米法包

製作時間　　　　　　　　　　　　　3 小時 30 分

難易度　　★★

發酵　　液種法

材料
高筋粉 120克
低筋粉 40克
液種 ....1份（見 p.26）
冰水 80克

幼鹽 3克
即用依士 1克
包面裝飾
黑櫻米 .... 適量

黑櫻米

做法

1. 液種製法：詳見 p.26 液種製作過程。

2. 將液種（不必回溫）與主麵糰材料混合搓至起筋，然後進行發酵 35-45 分鐘。

2. 發酵完成，將麵糰取出，用手按壓排氣。

3. 接著用手輕輕拉開麵糰成長方形。折疊成 3 折。

4. 將麵糰轉向 90 度，再輕輕拉開。重複將麵糰折疊一次。

   * 此「三折 → 轉 90 度 → 折疊三折」動作重複 2 次。

5. 將摺疊面翻向下，蓋上濕毛巾，麵糰靜止 40 分鐘。（靜止期間，每 20 分鐘將麵糰翻動 1 次，即 40 分鐘翻動 2 次）

6. 將麵糰平均分成 8 份，排氣及按扁，蓋上保鮮紙及濕毛巾，麵糰鬆弛 10 分鐘。

7. 將麵糰再次排氣及搓圓，包面噴上適量清水，然後沾上黑櫻米，將麵糰排放在已墊牛油紙的焗盤上，進行最後發酵 30 分鐘。

8. 焗爐預熱 15 分鐘至 220℃。待麵糰發酵至兩倍大，放入已預熱 220℃ 焗爐焗 20-25 分鐘，在爐門關上前在焗爐內噴水，可使焗出來的麵包表面更香脆。

95

煙肉海鮮芝士焗法包

製作時間

4 小時

難易度

★★★

份量

2條 24cm
長法包

法包材料

高筋粉	120克
低筋粉	40克
液種	1份（見p.26）
冰水	80克
幼鹽	3克
即用依士	1克

餡材料（6-8件）

海蝦	100克
帶子	50克
番茄粒或青椒粒	適量

包面裝飾

水牛芝士	適量

做法

1. 液種製法：詳見p.26液種製作過程。

2. 將液種（不必回溫）與主麵糰材料混合搓合至起筋，然後進行發酵35-45分鐘。

3. 發酵完成，將麵糰取出，用手按壓排氣。

4. 接著用手輕輕拉開麵糰成長方形。折疊成3折。

5. 將麵糰轉向90℃，再輕輕拉開。重複將麵糰折疊一次。

   * 此「三折 → 轉90℃ → 折疊三折」動作重複2次。

6. 將摺疊面翻向下，蓋上濕毛巾，麵糰靜止40分鐘。（靜止期間，每20分鐘將麵糰翻動1次，即40分鐘翻動2次）

7. 將麵糰平均分成2份，排氣及按扁，蓋上保鮮紙及濕毛巾，麵糰鬆弛10分鐘。

8. 將麵糰按扁，用木棍將麵糰輾薄成24厘米長，18厘米闊，從末端開始捲起及黏緊收口，將麵糰形狀修飾成長條形，將麵糰放在已墊牛油紙的焗盆上，進行最後發酵30分鐘。

9. 焗爐預先用220℃預熱15分鐘，待麵糰發酵至兩倍大，在包面噴上少許清水及撒上適量高筋粉，用利刀在包面斜斜輕劃上刀紋，放入已預熱至220℃焗爐焗20-25分鐘即成（在爐門關上前在焗爐內噴水，可使焗出來的麵包表面更香脆）。

10. 法包完成放涼，切件，搽上少許牛油，放入焗爐焗4-5分鐘至金黃色，取出。

11. 將餡料放在法包上，最後放上芝士碎，放入已預熱180℃焗爐焗8-10分鐘金黃色即成。

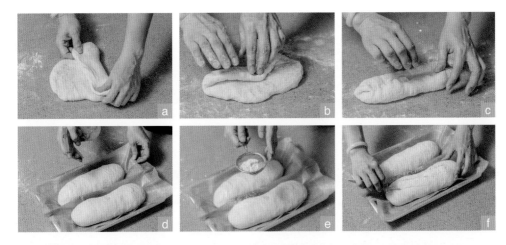

球形法包

製作時間　　　　　　　　　　　　　　　3 小時 30 分

難易度　　　　份量

2個份量
（每個約135克）

麵糰材料

高筋粉	125克
低筋粉	35克
砂糖	3克
幼鹽	3克
即用依士	3克
暖水	105克

做法：

1. 參閱 p.16-19的方法搓揉基本麵糰及進行第一次發酵。

2. 將麵糰平均分割成2份，滾圓，讓麵糰鬆弛15-20分鐘。

3. 將麵糰排氣及滾圓，排放在焗盤上，進行最後發酵40分鐘
（最後發酵方法參閱p.19）。

4. 待麵糰發酵至兩倍大，包面撒上適量高筋粉，用刀在包
頂輕輕畫十字。在爐門關上前在焗爐內噴水，放入已預熱
200℃的焗爐內，焗20-25分鐘即成。

5. 在爐門關上前在焗爐內噴水，放入已預熱200℃的焗爐內，
焗20-25分鐘即成。

Tips

球形麵包可以將麵包肉起出用來盛西式湯，或將份量改成
1個大圓形，用來盛咖哩雞或其他菜式都可以。

芝士粟米意大利包

製作時間 **2 小時 30 分**

難易度 ★

份量
16小件

麵糰材料

高筋粉	250克
奶粉	3克
砂糖	15克
幼鹽	5克
無鹽牛油（或固體菜油）	20克
溫水	160克
即用依士	4克

餡料

高溶點芝士粒	30克
粟米粒	40克

做法

1. 將所有材料混合及搓揉，搓揉完成後，將芝士及粟米粒加入搓勻，然後滾圓，麵糰表面噴水，蓋上保鮮紙進行第一次發酵。

2. 將麵糰按扁排氣，拍摺成長形，讓麵糰鬆弛15-20分鐘。

3. 將麵糰按扁及用木棍輾薄成6吋x12吋長形，然後將麵糰對摺及在表面撒上高筋粉，再平均分成16小件，排放在焗盆上，進行最後發酵（最後發酵方法參閱p.19）。

4. 待麵糰發酵至兩倍大，放入已預熱的焗爐，用180℃焗13分鐘即成。

高溶點芝士不是每間烘焙點有售，或者可以改用其他不易溶化或硬身的芝士代替。

煙肉芝士吐司

製作時間　　　　　　　　**2 小時 30 分**

難易度	份量	麵包模
★		4"x6"
	2個半磅方包	4吋 x 6吋半 長方形麵包焗模

麵糰材料

高筋粉.........................250克
奶粉 3克
砂糖 15克
幼鹽...............................5克
固體菜油 20克
溫水 160克
即用依士 4克

餡料

煙肉粒..........................100克
水牛芝士碎....................40克

包面裝飾

掃面蛋漿 .... 適量
沙律醬及水牛芝士碎 .... 適量

做法

1. 參閱 p.16-19的方法搓揉基本麵糰及進行第一次發酵。

2. 將麵糰平均分割成2份，拍摺成長形，讓麵糰鬆弛15-20分鐘。

3. 將麵糰按扁及用木棍擀薄成6吋 x12吋長形，將煙肉粒及芝士碎平均鋪在麵糰上，然後將麵糰由上向下捲起，收口壓實。

4. 放入已掃油的模內，進行最後發酵（方法參閱p.19）。

5. 待麵糰發酵至8成滿，輕手掃上蛋漿，唧上適量沙律醬及撒上少許芝士碎，放入已預熱的焗爐底層，用180℃焗15分鐘，然後改放在中層，包面蓋上錫紙再焗10分鐘。麵包出爐即脫模放涼。

Tips

芝士款式可按照個人喜好去選購。

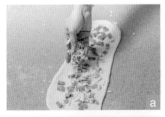

豬柳蛋包

製作時間 2 小時 30 分

難易度
★★

份量

4個份量，
每個約90克

主麵糰材料		砂糖 4克
高筋麵粉 200克		包面裝飾
奶粉 10克		粟米粉 .... 適量
固體菜油 8克		餡料
幼鹽 3克		豬柳 4塊
溫水 140克		已蒸熟雞蛋 4個
即用依士 4克		

做法

1. 參閱 p.16-19 的方法搓揉基本麵糰及進行第一次發酵。

2. 將麵糰平均分割成6份，搓圓，讓麵糰鬆弛15-20分鐘。

3. 麵糰再按壓排氣及搓圓，然後在麵包面噴水，底面沾上粟米粉，輕手按扁。

4. 將麵糰排放在焗盤上，進行最後發酵（最後發酵方法參閱 p.19）。

5. 發酵完成後，在麵包面蓋上一張錫紙，另用一個長形或方形的焗盤輕壓在錫紙上，放入已預熱180℃的焗爐，用相同爐溫約焗15分鐘，加入餡料即成。

Tips

若沒有粟米粉，可用高筋麵粉或小麥胚芽代替。

香脆番茄火腿麥穗包

製作時間　　　　　　　　2 小時 30 分

難易度　★★

份量

2條
（每條約重：143克）

麵糰材料		即用依士 3克
高筋粉 125克		番茄汁 100克
低筋粉 35克		清水 20克
砂糖 3克		餡料
幼鹽 3克		火腿片 4片

火腿片

做法

1. 參閱 p.16-19 的方法搓揉基本麵糰及進行第一次發酵。

2. 將麵糰平均分割成2份，拍摺成長形，讓麵糰鬆弛15-20分鐘。

3. 將麵糰用木棍擀開成8吋x4吋長方形，放上2片火腿片，然後由下向上捲起，兩邊收口黏緊及推尖。放在焗盤上進行最後發酵（最後發酵方法參閱p.19）。

4. 待麵糰發酵至兩倍大，用剪刀將麵糰剪成麥穗狀。在爐門關上前在焗爐內噴水，放入已預熱200℃的焗爐內，焗20-25分鐘即成。

Tips

每個家庭式的焗爐溫度不一，要自行調較爐的溫度及時間，將麵包焗至金黃色及香脆便可。

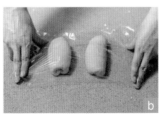

芝士法包

製作時間 ..... 3 小時 30 分

難易度 ★★★

份量 2條
（每條約28厘米長）

材料

金像牌長法包
　預拌粉........250克（1包）
即溶乾酵母..................1包
　（隨預拌粉附送）
清水 180克

餡料

車打芝士 4片

包面裝飾

金像牌頂級麵包粉
　（高筋粉）................. 適量

做法

1. 參閱 p.27-29 的方法搓揉基本麵糰及進行第一次發酵。

2. 將麵糰平均分割成2份，按摺成長形，讓麵糰鬆弛 15-20 分鐘。

3. 將 4-5 片芝士疊起，切成骰子的形狀，備用。

4. 將麵糰按扁，用木棍將麵糰擀薄成22厘米長、18厘米闊，將芝士粒平均放在麵糰上，從末端開始捲起及黏緊收口，將麵糰形狀修飾成長條形，然後排放在焗盤上，進行最後發酵40分鐘（請參閱 p.19）。

5. 待麵糰發酵至兩倍大，在包面噴上少許清水及撒上適量高筋粉，用利刀在包面斜斜輕劃上刀紋，放入已預熱至220℃的焗爐焗20-25分鐘，在爐門關上前在焗爐內噴上適量清水（或在明火焗爐裏放一盆熱水），可使焗出來的麵包表面更香脆。

Tips

有些朋友喜愛吃歐陸式麵包，做法式麵包，往往要追求見到內部有較大的氣孔才算叫做完美。金像牌的長法包預拌粉，除左即時做出來的效果完美。若改用低溫發酵方法，製成品的內部氣孔，可以令初學者有晉陞入大師級的感覺。

杏仁牛奶皇冠包

製作時間 **2 小時 30 分**

難易度	份量	麵包模
★★		6"
	1個	6吋 花紋雪芳蛋糕模

材料

金像牌牛奶麵包預拌粉
.... 250克（1包）
即溶乾酵母 ..1包（隨預拌粉附送）
牛奶/清水 155克
植物油/無鹽牛油 15克

餡料

杏仁粒（已烘脆）...........30克

包面裝飾

杏仁粒及杏仁片 ....適量
掃包面蛋漿.....................適量

做法

1. 參閱 p.27-29 的方法搓揉基本麵糰及進行第一次發酵。

2. 將杏仁粒加入麵糰內搓勻。

3. 將麵糰平均分為5份，拍摺成長形，讓麵糰鬆弛 15-20 分鐘。

4. 將麵糰按扁及輕輕拉長，將下方 1/3 部份麵糰反向中央，麵糰上方摺向中央，再由上捲向底部，將收口壓實，搓成欖形。

5. 模具預先掃油，將麵糰平均排放入內，進行最後發酵（請參閱 p.19）。

6. 待麵糰發酵至兩倍大，輕手掃上蛋漿，及放上杏仁片及杏仁粒，放入已預熱的焗爐，用180℃焗 15-18 分鐘即成。

Tips

麵包都是由甜麵糰或鹹麵糰作基礎，再加入不同配料，做出不同造型的麵包。若然花時間秤量材料，不如使用預拌粉，材料份量已一早預備好，只要加入水及油就可以了。那就可以花多點時間研究麵包的造型及食譜。

Focaccia

製作時間　　　　　　　　　　　　2 小時 30 分　　難易度

★

麵糰材料

高筋粉 175克

砂糖 4克

幼鹽 3克

即用依士 3克

橄欖油 10克

清水 105克

包面調味

海鹽 .... 適量

橄欖油 .... 適量

香草 .... 適量

（迷迭香、九層塔、羅勒）

橄欖油

香草

海鹽

做法

1. 參閱p.16-19的方法搓揉基本麵糰及進行第一次發酵。

2. 將麵糰按扁及滾圓，讓麵糰鬆弛15-20分鐘。

3. 將麵糰按扁，用木棍擀成正方形，然後放在焗盤上，放入焗爐進行最後發酵。（最後發酵方法p.19）

4. 待麵糰發酵至兩倍大，輕手掃上橄欖油，用手指在麵糰上均勻鑽開多過小孔，深度要直達烤盆。撒上少許海鹽及香草，放入已預熱的焗爐，用180℃焗13-15分鐘即成。

a

b

c

d

印度薄餅

製作時間 **1** 小時 **30** 分

難易度

★

份量

4塊

材料

低筋粉 200克

橄欖油 15克

幼鹽 2克

暖牛奶 70克

乳酪 60克

砂糖 10克

速用依士 2克

泡打粉 1/2茶匙

做法

1. 將所有材料混合，搓揉5分鐘成軟身麵糰，放入保鮮盒內蓋好發酵45-60分鐘或至麵糰兩倍大。

2. 將麵糰平均分成4份搓圓及鬆弛10分鐘。

3. 將每份麵糰碾成三角形，麵糰表面掃上橄欖油，備用。

4. 燒熱鑊落少許油，將薄餅放入，煎至變色及膨脹有烙印，表面搽上適量牛油即成。或放入已預熱200℃的焗爐，焗5-7分鐘即成。

Tips

如喜歡的話可以在薄餅表面搽上蒜茸及放上芫茜去煎或焗都可以。

另配搭咖喱伴食更佳。

口袋麵包

製作時間　　　1 小時 30 分

難易度　　　　份量

★　　　　　　4 塊

麵糰材料

高筋粉 130克

全麥粉 20克

砂糖 4克

幼鹽 2克

橄欖油 7克

溫水 90克

即用依士 2克

做法

1. 參閱p.16-19的方法搓揉基本麵糰及進行第一次發酵。

2. 將麵糰平均分割成4份，搓成圓形，讓麵糰鬆弛15-20分鐘。

3. 焗爐預先用220℃預熱15分鐘。

4. 將麵糰用木棍擀成直徑7吋的橢圓形薄餅，排放在焗盤上。

5. 將麵糰放入已預熱200℃的焗爐底層，焗6-7分鐘至金黃色，烘烤其間會發現麵糰會膨脹成中空狀，剪開時中間是空心的，加上喜愛的餡料即成口袋麵包。

Tips

建議每次只焗2個麵糰，以免焗爐的溫度不足，麵糰無法順利膨脹。

墨西哥薄餅

製作時間　**1** 小時 **30** 分

難易度　★★

份量　4塊

材料

低筋粉	100克
泡打粉	1/2茶匙
暖水	60克
橄欖油	1茶匙
幼鹽	1/8茶匙

Tips

墨西哥薄餅的做法很多，一般以燙麵方式，口感比較Q及有韌性。
有些做法採用發酵麵糰。而發酵麵糰在組織上呈現細密的氣孔，因此口感比較柔軟。至於哪一種麵糰製作出的效果比較好吃？就視乎個人喜好。
這個食譜加入少許泡打粉使餅皮澎鬆柔軟，如沒有泡打粉，不用也可以。

做法

1. 低筋份及泡打粉混合放入碗內。
2. 將餘下材料加入搓揉5-8分鐘成光滑麵糰，然後平均分成4份及搓成圓形，用保鮮紙或濕布蓋好醒發20-30分鐘。
3. 將每份麵糰壓扁，用木棍碌成8吋圓形薄餅皮。
4. 燒熱鑊無需落油，將薄餅放入，每面煎1-2分鐘即成。

意大利麵包棒

製作時間　　　　　　　　　　2 小時 30 分

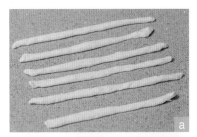

難易度　　　份量

★

約 18 條

麵糰材料

高筋粉...........................200克

砂糖 10克

幼鹽 5克

橄欖油............................15克

溫水 120克

即用依士 3克

麵包棒表面裝飾

白芝麻，黑芝麻 ....各適量

意大利香草..................... 適量

做法

1. 將所有材料混合，搓揉5分鐘成麵糰，放入保鮮盒內蓋好發酵45-60分鐘或至麵糰兩倍大。

2. 將麵糰取出平均分成2份麵糰，滾圓及鬆弛10分鐘。

3. 將麵糰按扁擀成長形，然後平均切出麵條，用雙手將每條麵糰搓成長條形（約10吋），麵條表面掃上清水，然後沾上表面裝飾及排放在焗盤上，進行最後發酵。

4. 待麵糰發酵至兩倍大，放入已預熱的焗爐，用180℃焗12-15分鐘即成。

5. 麵包棒出爐放涼後，請用保鮮盒密封保存，被免回潮。

Tips

若想用更快捷的方法去做麵包棒，可以將麵糰擀成一大片，然後切出長條形，扭成麻花條形都可以。

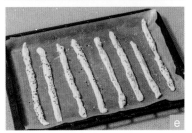

比利時鬆餅

製作時間　1 小時 30 分

難易度　★

份量

5-6個

材料A

高筋麵粉 50克
低筋麵粉 70克
即用依士 2克
砂糖 25克

幼鹽 1/8茶匙
材料B

暖牛奶 70克
雞蛋 50克
牛油溶液 25克

做法

1. 將材料的粉類過篩，其他材料放入大碗內。

2. 將材料（B）的雞蛋、暖牛奶及牛油溶液順序加入粉內拌勻，用保鮮紙蓋好，放室溫發酵45-60分鐘。

3. 鬆餅機模具上掃上少許油，放上適量的麵漿，蓋上鬆餅機，待烤餅指示燈熄滅，或繼續烘至理想顏色，完成。

4. 按照個人喜好，淋上糖粉、朱古力漿或配雪糕拌食都可以。

Tips

市面上的鬆餅機各有不同，烘烤時間會有不同，請自行再測試烘烤時間。

一般烘烤5-7分鐘不等。

莎樂美腸煙肉蘑菇薄餅

製作時間　2 小時

難易度　★

份量

2個9吋

麵糰	椒適量（可隨個人喜好選擇餡料）
高筋麵粉 180克	
低筋麵粉 70克	Mozzarella芝士碎 100克
幼鹽 4克	香草番茄醬（拌勻）
溫水 140克	茄膏 1湯匙
即用依士 4克	茄汁 1湯匙
牛油 25克	糖霜 2茶匙
餡料	檸檬汁 1茶匙
莎樂美腸，煙肉，蘑菇、青	雜香草 1茶匙

茄膏

青椒

做法

1. 參閱 p.16-19的方法搓揉基本麵糰及進行第一次發酵。

2. 將麵糰平均分割成2份，滾圓，讓麵糰鬆弛15-20分鐘。

3. 將麵糰按扁，用木棍輕輕壓扁及推開成9吋大的圓形，塗上香草番茄醬，放上餡料和撒上芝士碎，壓在薄餅碟或放焗盤上都可以，放入已預熱的焗爐，用180℃焗20至25分鐘至表面金黃色即成。

Tips

即用酵母可以直接使用，方便很多；但一般超市多只售乾酵母，要先用溫水浸一會才發揮效用。

附錄：常用麵包餡料和包面料

白汁雞肉包餡

份量：8個

材料

雞肉	150克
洋葱（切粒）	1/2個
磨菇（切片）	4粒
牛油（起鑊用）	1茶匙

雞肉醃料

生抽	2茶匙
紹興酒	1茶匙
粟粉	1茶匙
麻油及胡椒粉	各少許

白汁麵撈材料

牛油	20克
麵粉	1湯匙
水	100克
牛奶	30克
雞粉	1茶匙
幼鹽	1/8茶匙
糖	1/8茶匙
胡椒粉	少許

做法

1. 雞肉切丁，加入醃料醃15分鐘，洋葱切幼粒備用。
2. 燒熱鑊，加入牛油1茶匙，將洋葱炒香後，加入雞丁炒至半熟，然後加入其他材料略炒後盛起備用。
3. 另燒熱鑊，加入牛油20克煮融後，加入麵粉快速將麵粉炒至沒有粉粒後，將已炒好的餡料加入拌勻。然後將其他白汁麵撈材料加入，慢火將汁料煮至濃稠後，關掉爐火，放涼備用。

墨西哥包面

份量：8個

材料

軟牛油	80克
麵粉	30克
砂糖	30克

做法

牛油及糖用手動打蛋器打起，將麵粉加入拌勻備用。

注：包面不用掃蛋漿，防止餡料下滑。

豬柳扒

份量：4塊

材料

免治豬肉......................150克
洋葱（切幼粒）.........1/4個
麵包糠............................適量

醃料

生抽和清水...............各1湯匙

粟粉............................1/2茶匙
香草碎........................1/2茶匙
雞粉及砂糖............各1/4茶匙
黑椒碎........................1/4茶匙
胡椒粉及麻油..............各少許

做法

1. 將醃料加入豬肉內大力攪至起膠，然後加入洋葱碎拌勻，放入雪櫃冷藏30分鐘。
2. 將豬肉平均分成4份，搓成圓形壓平，每塊底面沾上麵包糠，備用。
3. 熱鑊下油2湯匙，將豬柳加入，略壓扁成圓形，兩面煎至金黃色至熟即成。

吞拿魚粟米餡料

份量：8個

材料

鹽水吞拿魚.....................120克
沙律醬..............................1湯匙
粟米粒...............................80克
香草碎........................1/2茶匙

做法

將所有材料拌勻。

烘焗麵包常見問題

Q 為什麼發酵後的麵糰體積過小？

A 發酵後的麵糰體積過小，可能因為發酵時間不足，酵母、鹽、糖或雞蛋的比例有偏差，所以，不同的食譜有不同的效果。如懂得如何按照不同天氣或濕度的技巧，那就是解決問題的最佳方法。
（請看p.14-15內有詳盡解釋。）

Q 為什麼麵包內部組織粗糙，出來製成品乾硬？

A 市面上高筋麵粉的品牌很多，蛋白質成份各有高低偏差，會引致加入的水份吸收力不同，水份不足，搓揉的麵糰會較乾，較難將麵糰搓至起筋，麵糰缺乏彈性，出來的製成品較粗糙。或在製作過程中，不停加入過多的手粉。所以，應盡量選用有品質保證的品牌產品去製作麵包及要隨時注意水份添加，保持麵糰的濕潤，那出來的製成品會鬆軟及保存期會較長。

Q 麵包入爐前，掃蛋液時麵糰容易下陷？

A 最後發酵完成的麵糰像氣球一樣充滿氣體，若掃蛋液時力度過大，會將麵糰內的氣體排出，影響麵糰下陷。即使麵糰與其他麵糰黐埋一起，切勿強行分開，直至烘烤完成。

Q 出爐的麵包表皮過厚或顏色太深？

A 麵包表皮過厚，可能與爐溫太高或烘焗的時間太長，因為家庭式的焗爐各有差異，要自行調較。顏色太深，搓蛋液多少都有關係，再加上爐溫太高都會受到影響。
（請看p.14-15 內有詳盡解釋。）

牛奶麵包
簡便系列

菠蘿包
香港茶餐廳
系列

瑞士
鄉村麵包
歐陸系列

朱古力
曲奇
曲奇系列

烘焙
多國度

I Can Bake

金像牌為您精心挑選各式風味預拌粉，最恰當的拼配，品味不同
國度的麵包糕點。

系列包括傳統港式茶餐廳如菠蘿包、歐陸風味如長法包、健康的多穀包或方便的
牛奶包等，簡易製作，每天令生活增添色彩。

即日起單次購買任何金像牌預拌粉或麵粉滿$300，即可享**免費送貨服務**
金像牌訂貨熱線 2680 3663